El tiempo y el hombre

Manuel Alfonseca

© **Manuel Alfonseca, 2022**

ISBN: 979-84-0594877-5

RESERVADOS TODOS LOS DERECHOS. Salvo usos razonables destinados al estudio privado, la investigación o la crítica, ninguna parte de esta publicación podrá reproducirse, almacenarse o transmitirse de ninguna forma o por ningún medio, electrónico, eléctrico, químico, óptico, impreso en papel, como fotocopia, grabación o cualquier otro tipo, sin el permiso previo del propietario de los derechos.

ÍNDICE

Capítulo 1. Años, meses y días: historia del calendario 5
   La idea del tiempo para el hombre primitivo   5
   La medida del tiempo durante la revolución neolítica   7
   El calendario mesopotámico   11
   Unidades menores del tiempo   16
   La semana   18
   Nuestra deuda con la civilización mesopotámica   26
   El año solar   27
   El calendario romano   30
   Los nombres de las unidades de tiempo   35
   Nuestra deuda con el calendario romano   39
   El calendario judío y la crucifixión de Cristo   40
   La fecha de la Pascua de Resurrección   45
   Nuestra deuda con el calendario judío   50
   El calendario gregoriano   51
   El calendario republicano francés   55
   El calendario islámico   57
   El calendario chino   58
   El calendario maya   60
   Propuestas de reforma del calendario   62
   Resumen de la historia del calendario   66

Capítulo 2. Horas, minutos y segundos: la medida del tiempo 67
   La medida de la hora a través del tiempo   67
   La hora a través del espacio: latitud y longitud   72
   Husos horarios   79
   ¿Se puede viajar en el tiempo dando la vuelta al mundo?   83
   Efectos de la latitud   87
   La definición del segundo   90
   Múltiplos del segundo   94
   Submúltiplos del segundo   107
   El reloj de la catedral de Estrasburgo   109

Capítulo 3. Milenios, millones de años y eones: el pasado remoto 113
   La datación de los sucesos históricos   113
   Días julianos   123
   Métodos científicos de datación: dendrocronología   124
   Métodos científicos de datación: estratigrafía y paleontología   129

Métodos científicos de datación: la radiactividad 134
Épocas en la historia de la Tierra 143
El tiempo cíclico: el mito del eterno retorno 147
La historia del universo 150
¿Y antes del universo qué? 154

Capítulo 4. El tiempo y el cielo: las estrellas y el destino del hombre 159
Astrología planetaria 159
Astrología estelar 168
El tiempo y los planetas 173
El tiempo y las estrellas 180

Capítulo 5. El tiempo y la vida 191
¿Cuánto tiempo viven los seres vivos? 193
Los biorritmos 206
De los relojes químicos al origen de la vida 211
La historia de la vida 221

Capítulo 6. El tiempo relativista: ¿será posible viajar hasta las estrellas? 235
Definición del tiempo 235
El tiempo de Newton 240
El tiempo relativista 242
¿Podremos viajar hasta las estrellas? 249

Capítulo 7. La flecha del tiempo: un problema pendiente para la ciencia moderna 259
El método científico 259
La flecha del tiempo 266
¿Es realmente reversible el tiempo físico? 269
Conclusiones 274

Capítulo 8. ¿Será posible viajar en el tiempo? 277

Bibliografía adicional 293

Capítulo 1. Años, meses y días: historia del calendario

La idea del tiempo para el hombre primitivo

Una de las diferencias más importantes entre el hombre y el resto de los animales es la capacidad de predecir el futuro. Esta afirmación es más compleja de lo que parece a primera vista: toda la capacidad tecnológica humana es consecuencia de su habilidad para imaginar lo que va a suceder antes de que ocurra. Cuando un hombre de la edad de piedra golpeaba dos pedernales para fabricar un instrumento cortante, estaba realizando una complicada previsión del porvenir:

Si golpeo estas piedras, una de ellas adquirirá filo. Si utilizo la piedra afilada en mi próxima cacería, lograré matar y descuartizar a mi presa con más facilidad.

La capacidad de predecir el futuro no es totalmente exclusiva del hombre. Los chimpancés saben utilizar herramientas sencillas: palitos que emplean para hurgar en los hormigueros y termiteros, que conservan para su uso posterior. En un experimento de laboratorio, se coloca un plátano atado al techo de una jaula, fuera del alcance del chimpancé que la habita. Después de intentar en vano alcanzarlo, el animal traslada una caja de madera, la coloca en el suelo debajo de la fruta, se sube a ella y logra así apoderarse de la golosina. Estas actividades indican cierta capacidad para predecir el futuro, aunque incomparablemente inferior a la nuestra, como demuestra el hecho de que es el hombre quien dominó la Tierra y creó culturas y civilizaciones, mientras los chimpancés continúan donde estaban hace millones de años.

¿Cómo obtuvieron los antepasados del hombre la conciencia del paso del tiempo? Sólo sabemos que debió de ocurrir hace dos o tres millones de años, mucho antes del uso del fuego, que quizá fue descubierto hace un millón y medio de años, de acuerdo con hallazgos realizados en África.

El movimiento del sol a través del cielo, la alternancia del día y de la noche, fue, sin duda, el primer fenómeno cíclico que atrajo la atención del hombre y le proporcionó una unidad de medida para el tiempo: el día. Sin duda hubieron de transcurrir cientos de miles de años antes de que surgiera un genio anónimo, el primero que contó días como si se tratara de objetos materiales tangibles. La capacidad de abstracción mental que esto supone nos parece hoy ridícula, porque nos hemos acostumbrado desde la infancia, pero para el hombre primitivo no fue un paso simple y evidente.

Para contar los días es necesario saber contar. Aún hoy, las lenguas de algunos de los pueblos más atrasados contienen pocos adjetivos numerales. A veces se reducen a cuatro: *uno, dos, tres* y *muchos*. No es probable que ni *Homo erectus*, ni las primeras razas de *Homo sapiens* (el hombre actual) hubiesen llegado más lejos. Hay que situarse ya a finales del Paleolítico Superior o en los comienzos del Mesolítico para encontrar indicios de conocimientos aritméticos algo más avanzados.

El tiempo y el hombre

En 1950 se realizaron excavaciones en Ishango, en la región del lago Eduardo (Zaire o Congo). Entre los restos arqueológicos que se descubrieron, que se remontan a una época comprendida entre 9000 y 6500 años antes de Cristo, destacan dos mangos de hueso cubiertos de muescas agrupadas en varias series, que podrían representar números. Jean de Heinzelin[1], que dirigió la expedición, cree que las colecciones de marcas indican que los pobladores de Ishango tenían conocimientos aritméticos muy altos para su época, que utilizaban un sistema decimal de numeración y conocían las multiplicaciones más sencillas y los números primos. De acuerdo con su teoría, discutida por otros investigadores, la influencia de la cultura de Ishango pudo alcanzar hasta los comienzos de la civilización egipcia.

La medida del tiempo durante la revolución neolítica

La astronomía y las matemáticas experimentaron un desarrollo paralelo durante los primeros milenios del Neolítico. Si la primera proporcionó al hombre la idea de los fenómenos cíclicos y del paso del tiempo, la segunda le ayudó a contar los días y a calcular los movimientos de las estrellas. Por otra parte, la invención de la agricultura dio utilidad práctica a estas especulaciones, aparentemente ociosas.

Para un pueblo nómada, cazador y recolector, la necesidad de predecir el futuro a largo plazo no es urgente. Los frutos de la tierra se desarrollan espontáneamente, se recogen y consumen cuando se encuentran. Si los animales se desplazan, la tribu los sigue. Si viene un

---

[1] *Ishango*, Jean de Heinzelin, *Scientific American*, Junio 1962.

año malo, una gran sequía, una inundación, una plaga que diezma la caza, será necesario emigrar a otras tierras. El viaje a los nuevos cazaderos podrá ser penoso. Quizá sea preciso expulsar a los anteriores ocupantes. Puede que la empresa termine en desastre y la tribu sea aniquilada, pero esta posibilidad no les quita el sueño. La vida de la tribu transcurre principalmente en el presente.

Para un agricultor, la vida es más compleja. Desde la siembra hasta la cosecha pasan muchos días, durante los cuales no puede abandonar su tierra. El estilo de vida nómada queda sustituido por el sedentario. Ya no es posible ignorar las veleidades de la atmósfera, la sucesión de las estaciones. Si se siembra antes de tiempo o demasiado tarde, las cosechas se perderán. Además, el agricultor no sólo es responsable ante sí mismo o su pequeño grupo familiar: las vidas de miles de personas pueden depender de lo que haga.

Desde la invención de la agricultura, un solo hombre puede producir alimentos suficientes para mantener un gran número de personas. Las organizaciones tribales nómadas se han venido abajo. Surgen las ciudades. En los grandes centros de población, el trabajo se divide, se especializa. Además de los productores primarios (agricultores, ganaderos, pescadores), aparecen los artesanos (ceramistas, metalúrgicos, herreros), los militares, que defienden a la sociedad del ataque de los pueblos nómadas residuales y de las ciudades vecinas, y la clase sacerdotal, intermediaria entre el ciudadano común y las fuerzas sobrenaturales.

Conocer con exactitud el momento adecuado para la siembra tiene la máxima importancia: un pequeño error de cálculo puede resultar fatal. Pero es difícil reconocer el momento preciso, pues los fenómenos atmosféricos, aunque cíclicos, presentan innumerables alteraciones locales y temporales. Es necesario contar los días. Y no basta con contar hasta diez: hay que manejar números mucho más altos, porque las estaciones son largas. Es fácil perder la cuenta. El riesgo es demasiado grande. Es preciso utilizar una unidad de medida del tiempo mayor que el día, que sea fácil de seguir y permita calcular la duración del ciclo de las estaciones sin peligro de equivocarse.

Pues ¡hete aquí que basta mirar al cielo para hallar precisamente lo que buscamos! Casi parece demasiado bueno para ser verdad: un ciclo temporal que cumple todas las condiciones deseables.

Además del sol, otro astro destaca sobre los demás: la luna, la luminaria de la noche. Mientras el sol mantiene siempre una forma aproximadamente circular y es difícil mirarlo a simple vista, la luz suave de la luna permite observar con facilidad sus cambios de forma, perfectamente regulares, que se suceden siempre en el mismo orden y con la misma duración. El ciclo completo (una *luna*) se extiende a lo largo de veintinueve días y medio. Una estación viene a durar tres lunas; un año (el ciclo de las cuatro estaciones) poco más de doce.

Puede considerarse una suerte o un hecho providencial que los dos astros más importantes del cielo combinen sus ciclos de tal manera que, con las tres unidades básicas de medida del tiempo que nos proporcionan (el día, el mes y el año), se cubriesen todas las necesidades fundamentales del agricultor primitivo. Si la Tierra hubiese sido un astro sin satélites, como el planeta Venus, quizá la evolución cultural del hombre se habría retrasado. Tal vez estaríamos aún en la edad de Piedra.

Para los agricultores primitivos del Neolítico, el ciclo de las fases de la luna proporcionó la medida perfecta para calcular el paso del tiempo y el momento más adecuado para realizar las faenas agrícolas, pues un año completo venía a corresponder a poco más de doce *lunas*.

Contar hasta doce sin equivocarse no es difícil, pero el agricultor tiene demasiadas preocupaciones para llevar la cuenta. Por otra parte, uno solo que lo haga puede informar a muchos agricultores. La operación se presta a convertirse en labor de especialistas. Los pueblos antiguos, las primeras civilizaciones, veían en el cielo, en la Tierra y en cada uno de los fenómenos atmosféricos, manifestaciones de lo divino. Para ellos, tanto el sol como la luna eran dioses. Es lógico, por lo tanto, que la misión de observar sus movimientos se asignara a los sacerdotes.

El ciclo de la luna tiene un comienzo natural: cuando el satélite, en su movimiento alrededor de la Tierra, pasa entre ésta y el sol, la cara que mira hacia nosotros queda a oscuras y el brillo intenso del astro rey nos impide ver la débil luminosidad reflejada por la Tierra. Parece como si la luna hubiese desaparecido, y eso es lo que creían los antiguos. Por eso, cuando unos días después la luna se adelanta al sol en su movimiento aparente a través del cielo y vuelve a ser visible, se decía que había aparecido una *luna nueva*. Este momento señalaba el comienzo del ciclo y se celebraba con festivales religiosos. Otra fiesta tenía lugar en el punto medio del periodo, coincidiendo con la fecha en que la luz de la luna alcanza su máximo esplendor: el día de la *luna llena*. También se consideraban importantes otros dos puntos del ciclo: el que se sitúa a medio camino entre la luna nueva y la llena, cuando la mitad de la superficie visible de la luna está iluminada por el sol y tiene la forma de un semicírculo casi perfecto, el *cuarto creciente*, así llamado porque la luna, aparentemente, crece en esa parte del ciclo; y el punto correspondiente de la parte opuesta, el *cuarto menguante*, a medio camino entre la luna llena y la siguiente luna nueva.

Para los pueblos antiguos, conocer la situación exacta del ciclo de la luna era esencial. Para nosotros, que tenemos otros medios para medir el tiempo, ya no es importante. ¿Quién se mantiene hoy al día respecto a la fase en que se encuentra la luna? Mucha gente cree erróneamente que el ciclo lunar dura veintiocho días, en lugar de veintinueve y medio. Esto se debe a un mito, muy extendido en nuestra civilización, que relaciona la luna con el periodo menstrual de la mujer y que surgió debido a la semejanza en la duración de ambos ciclos. Para demostrar que se trata de casualidad y no de influencia, basta constatar que el periodo menstrual medio de las chimpancés dura veintiséis días y el de las gorilas más de cuarenta. Es obvio que el periodo menstrual de las hembras de los primates antropoides depende de su tamaño o de su peso, y que la semejanza del de nuestra especie con el de la luna es pura coincidencia.

El calendario mesopotámico

La civilización sumeria, que floreció en Mesopotamia (el actual Irak) durante el tercer milenio antes de Cristo, desarrolló uno de los calendarios más antiguos, basado en las fases de la luna. Como se ha dicho, la medida del tiempo tenía por objeto señalar el momento de la siembra, cuyo ciclo es anual. Por ello, la más importante de las festividades periódicas era el día de *año nuevo*, que en Sumeria tenía lugar a comienzos de la primavera (el principio del año agrícola) y coincidía con un día de *luna nueva*, de manera que ambos ciclos, el solar y el lunar, tenían siempre un origen común.

Pero aquí se presenta un problema: el año solar no es múltiplo exacto del ciclo de la luna. Hoy sabemos que el primero dura aproximadamente 365,2421988 días, mientras que la cifra correspondiente al segundo es de 29,530588 días. Doce ciclos lunares duran, por consiguiente, 12×29,530588 = 354,367 días. Es decir, un año contiene doce ciclos lunares completos y casi once días más. Por lo tanto, si un año determinado comienza el día de la luna nueva, el siguiente debería empezar el día duodécimo del ciclo decimotercero, que corresponde casi a la luna llena.

Había dos posibilidades: hacer caso al sol e ignorar la luna, o hacer caso a la luna e ignorar el sol. La primera posibilidad suponía no tener en cuenta el ciclo lunar, que resultaba tan conveniente, pues permitía medir el ciclo de las cosechas contando sólo hasta doce. Por otra parte, si se daba preferencia a la luna y se hacía el año igual a doce meses exactos, cada año sucesivo comenzaría once días antes que el anterior, respecto al ciclo de las estaciones. En sólo nueve años, el adelanto sería de tres meses: una estación completa. Pero si la fiesta de año nuevo era la señal de la siembra de primavera, tras nueve años los agricultores estarían sembrando a principios del invierno y las cosechas se perderían. Había que encontrar una solución.

Los sumerios resolvieron el problema intercalando un mes adicional cuando el adelanto de la fiesta de año nuevo ascendía a unos quince días. Dos milenios más tarde, durante el siglo VI antes de Cristo, los babilonios, sucesores de los sumerios en Mesopotamia meridional y herederos de su cultura, desarrollaron un calendario lunar-solar sorprendentemente exacto, que seguía simultáneamente los movimientos de ambos astros y reducía al mínimo la discrepancia entre los años, los ciclos de la luna y las estaciones.

El tiempo y el hombre

Los babilonios descubrieron que diecinueve años solares coinciden casi exactamente con 235 meses lunares. En efecto: 19×365,2421988 = 6939,60 días, mientras que 235×29,530588 = 6939,69 días. La diferencia es mínima. Hacen falta doscientos veinte años para que el error acumulado rebase un día[2]. El hecho de que los babilonios eligieran precisamente este ciclo es una indicación de la amplitud de sus conocimientos matemáticos, lo que no es de extrañar, pues sabemos que disponían de un sistema de numeración en base sesenta y eran capaces de resolver problemas con números fraccionarios y ecuaciones de segundo grado.

Como es natural, la duración de los meses lunares no podía ser igual a 29,53 días, pero fue posible aproximarse a esa cifra ideando un sistema alternante de meses de 29 y 30 días, lo que da una media de 29,50 días por mes, corrigiéndolo con la intercalación de un día adicional cuando el adelanto con respecto a la luna alcanzaba un día. Nótese, por otra parte, que aunque el error en cada ciclo completo de diecinueve años era muy pequeño, el error en un año determinado podía ser mucho más grande, aunque nunca mayor que medio mes. De este modo se consiguió diseñar un calendario que cumplía las dos condiciones que los babilonios se impusieron:

1. Cada año debe comenzar al mismo tiempo que un ciclo de la luna.
2. Cada año debe empezar lo más cerca posible del comienzo de la primavera, para señalar el momento de la siembra.

---

[2] Este ciclo, con algunas diferencias de poca importancia, fue descubierto independientemente hacia el año 432 a. de J.C. por el astrónomo griego Metón de Atenas, y quizá incluso antes por los chinos. El error del ciclo metónico era menor de un día cada 300 años.

Año	Meses	Días	Días teóricos	Error(1)	Error(2)
0	-	-	0	0	12,91
1	12	354	365,24	-11,24	1,67
2	12	708	730,48	-22,48	-9,57
3	13	1092	1095,73	-3,73	9,18
4	12	1447	1460,97	-13,97	-1,06
5	12	1801	1826,21	-25,21	-12,30
6	13	2185	2191,45	-6,45	6,46
7	12	2539	2556,70	-17,70	-4,79
8	13	2923	2921,94	1,06	13,97
9	12	3277	3287,18	-10,18	2,73
10	12	3632	3652,42	-20,42	-7,51
11	13	4016	4017,66	-1,66	11,25
12	12	4370	4382,91	-12,91	0
13	12	4724	4748,15	-24,15	-11,24
14	13	5108	5113,39	-5,39	7,52
15	12	5463	5478,63	-15,63	-2,72
16	12	5817	5843,88	-26,88	-13,97
17	13	6201	6209,12	-8,12	4,79
18	12	6555	6574,36	-19,36	-6,45
19	13	6939	6939,60	-0,60	12,31

Tabla 1.1. Ciclo de diecinueve años del calendario babilónico. La columna Error(1) muestra el error acumulado, al final de cada año, respecto al inicio del ciclo. La columna Error(2) presenta el error respecto al equinoccio de primavera. Obsérvese que éste coincide con el día de año nuevo del año decimotercero del ciclo, pues el error al final del año 12 es igual a cero.

La tabla 1.1 presenta el calendario babilónico y el error cometido al final de cada año con respecto al equinoccio de primavera. Se supondrá que el día de año nuevo coincidía con el equinoccio de primavera en el decimotercer año del ciclo de diecinueve. Puede observarse que el error respecto al equinoccio no es nunca mayor de catorce días, lo que es aceptable desde el punto de vista agrícola. A lo largo del ciclo completo que muestra la tabla, se suceden 235 meses, de los que 111 tienen 29 días y 124 tienen 30. Dependiendo de la distribución de meses de 29 y 30 días, cada ciclo de 19 años podía ser ligeramente diferente.

Los babilonios no llegaron a reconciliarse con el hecho de que el número de días del año no sea un múltiplo exacto del mes lunar. En su opinión, habría sido estéticamente más elegante que el primero hubiese sido precisamente doce veces mayor que el segundo. Por esta causa, el doce era un elemento crucial de su sistema de numeración, aunque su notación fraccionaria se basaba en el quinto múltiplo de este valor (sesenta). Por consiguiente, un año de doce meses era un año perfecto y por ende venturoso. El año de trece meses, sin embargo, era anómalo, imperfecto, infortunado. No tardaron en darse cuenta de que en todos los años de trece meses ocurría alguna catástrofe en algún sitio. En los de doce meses, naturalmente, también, pero, ¿quién iba a fijarse en eso? Esto ligó al trece una cualidad de *número de mala suerte* de la que no le ha sido posible desprenderse hasta nuestros días. Parece mentira que una leyenda que se originó en la estructura del calendario babilónico haya persistido más de dos mil quinientos años, pero así ha sido. Aún hoy muchas compañías aéreas se saltan el número fatídico en las filas de asientos de los aviones. Otro tanto hacen algunos grandes hoteles con los números de los pisos.

Por el contrario, el doce extendió su influencia de *número de buena suerte* o *número de la plenitud* a los países vecinos. En Israel, por ejemplo, se convirtió en símbolo de la nación a través de las doce tribus, en la representación de la *totalidad*: al fin y al cabo, doce meses forman un año completo. Jesucristo utilizó este símbolo al elegir a los doce apóstoles; el Apocalipsis de San Juan multiplica literalmente la importancia del doce, al fijar el número de los elegidos en ciento cuarenta y cuatro mil (doce veces doce veces mil).

Cuando Ciro conquistó Babilonia, el imperio persa que él fundó adoptó el calendario babilónico. El mes intercalar se introducía al final del año, excepto en el año decimoséptimo del ciclo, en el que se introducía a la mitad del año[3]. El día comenzaba a la puesta del sol.

Los griegos adoptaron una versión simplificada del calendario babilónico, con un ciclo de ocho años. Véase en la tabla 1.1 que, después de los ocho primeros años, el error es muy pequeño, aproximadamente igual a un día. Ese error podía compensarse con la introducción de un día adicional en la sucesión alternada de meses de 29 y 30 días. El ciclo de diecinueve años propuesto por Metón no llegó a ser adoptado.

Unidades menores del tiempo

La perfección del número doce influyó aún más en la medida del tiempo. Aunque el día es una unidad excesivamente pequeña para el cómputo de las labores agrícolas, resulta demasiado larga para el uso cotidiano en las relaciones humanas: si dos personas quieren citarse para el día siguiente, no basta con especificar *mañana*. Si no se define más el momento de la reunión, es posible que uno de ellos se vea obligado a aguardar todo el día hasta que el otro aparezca. Para resolver este problema se hizo uso del hecho de que el sol recorre un camino perceptible a través del cielo en su movimiento aparente alrededor de la Tierra. De este modo, las dos personas podrían acordar reunirse *mañana, cuando la sombra de aquella montaña roce el tronco de esta encina.*

---

[3] Los meses del calendario babilónico se llamaban *Nisanu, Ayaru, Simanu, Du'uzu, Abu, Ululu, Tashritu, Arajsamna, Kislimu, Tebetu, Shabatu* y *Adaru*. El mes intercalar se llamaba *Adaru-2* (o *Ululu-2*, cuando se intercalaba a la mitad del año).

El tiempo y el hombre

Probablemente fueron los egipcios los primeros a los que se les ocurrió la idea de clavar un palo en el suelo y seguir los movimientos de la sombra a lo largo de la jornada, pero fueron nuevamente los babilonios quienes dividieron el día[4], el tiempo que transcurre entre el alba y el ocaso, en unidades de tiempo más pequeñas. El número elegido fue (¿lo adivinan?) el doce. Por coherencia, la noche se dividió también en otros doce periodos de tiempo, de modo que un ciclo solar completo, día más noche, vino a tener veinticuatro *horas*. Todavía las conserva.

No termina aquí la lista de unidades de medida del tiempo que debemos a la fecunda imaginación de los babilonios: hay que añadir el minuto, el segundo y la semana.

Como se ha dicho más arriba, el sistema de notación de números fraccionarios de Mesopotamia utilizaba la base sesenta. Donde nosotros escribiríamos 2,75 (por ejemplo) ellos anotarían algo parecido a 2;45, que significa 2+45/60. Por supuesto, no usaban los guarismos árabes ni el punto y coma, sino símbolos cuneiformes.

Veamos otro ejemplo: el número 3,14159 se expresaría de este modo con la notación fraccionaria en base 60:

$$3;8,29,43$$

que se interpreta así:

$$3 + \frac{8}{60} + \frac{29}{60^2} + \frac{43}{60^3} = 3 + 0,13333 + 0,00806 + 0,00020 = 3,14159$$

Era natural que los babilonios aplicaran el mismo sistema de fraccionamiento a las unidades de tiempo, de modo que una hora se dividió en sesenta minutos[5] y cada minuto en sesenta segundos[6]. A pesar

---

[4] La palabra día se emplea en dos sentidos diferentes, lo que puede dar lugar a equívocos. Por un lado, representa el ciclo completo del movimiento de rotación de la Tierra alrededor de su eje. Por otro, la parte iluminada de este ciclo. Así, un día está formado por un día y una noche.
[5] El nombre proviene del latín *minutus*, pequeño.

de haber adoptado un sistema decimal de numeración, nuestra civilización sigue conservando estas reliquias del sistema sexagesimal.

La definición del segundo como una fracción tres mil seiscientas veces menor que una hora tuvo una ventaja inesperada y casual: su duración vino a ser bastante parecida al ritmo cardíaco normal, de modo que era posible medir aproximadamente los segundos contando los latidos del pulso. Este fue, precisamente, uno de los métodos utilizados por Galileo Galilei para medir el tiempo en sus experimentos sobre la caída de los cuerpos y sus movimientos en planos inclinados.

La semana

Todavía tenemos que agradecer a los babilonios una última unidad: la semana, que también está ligada con las fases de la luna. Hemos visto que el ciclo de la luna se divide de forma natural en cuatro partes iguales, separadas por la luna nueva al principio del ciclo, el cuarto creciente, la luna llena (el punto medio) y el cuarto menguante. Dado que el mes lunar babilónico tenía una duración de veintinueve o treinta días, dependiendo del mes concreto, cada una de las cuatro partes venía a durar 7,25 o 7,5 días, respectivamente. Era, pues, lógico que se eligiera una semana de siete o de ocho días que correspondería a cada una de las fases de la luna. Para mantener el transcurso de las semanas al ritmo de las alteraciones de la forma lunar, habría sido preciso alternar las de siete con las de ocho días, de acuerdo con un ciclo más o menos complicado, pero esto no se hizo. ¿Por qué? ¿Acaso juzgaron los babilonios que ya tenían bastantes dificultades con los meses de longitud variable y quisieron simplificar los cálculos?

---

[6] El nombre proviene del latín *secundus*, segundo.

El tiempo y el hombre

Puede ser que sí, pero había una razón mucho más profunda: igual que el sentido estético de los babilonios les impulsó a pensar que el año *debía* haber tenido exactamente doce meses, lo que dio lugar al carácter fatídico del número trece, otro tanto ocurrió con la semana de siete días. En efecto, la naturaleza, tal como entonces la veían, parecía tener especial predilección por el número siete.

Desde mediados del segundo milenio antes de Cristo hasta bien entrado el siglo XVIII[7] la humanidad conoció exactamente siete metales[8]: el oro, la plata, el cobre, el estaño, el hierro, el plomo y el mercurio (véase la tabla 1.2). Los dos primeros se utilizaban principalmente para hacer adornos y joyas, o como moneda. El cobre y el estaño, aleados en forma de bronce, conocieron un importante florecimiento desde el año 3000 a. de J.C. en la fabricación de instrumentos y armas, aunque más tarde fueron suplantados por el hierro. El plomo, notorio por su densidad y abundancia, se utilizaba para fabricar pesas y plomadas. Es curioso que la frase *pesado como el plomo*, de origen antiquísimo, que se ha transmitido a todas las lenguas europeas modernas, no corresponda exactamente a la realidad, pues el plomo no es el más denso de los siete metales, pero el oro y el mercurio, que lo superan, no eran aptos para convertirse en patrón de pesas y medidas, el primero por su escasez y consiguiente coste, el segundo por ser líquido en condiciones ordinarias.

Por otra parte, los astrónomos babilonios habían observado la presencia en el cielo de siete astros, identificados con dioses, que no se movían al unísono con las estrellas fijas: los *planetas*, palabra griega que significa *vagabundo*. En este grupo se incluían el sol, la luna y cinco de

---

[7] 1735, fecha del descubrimiento del cobalto por el químico sueco Georg Brandt.
[8] Se utilizaba un octavo metal, el zinc, pero lo confundían con el estaño.

los astros más brillantes del firmamento: Mercurio, Venus, Marte, Júpiter y Saturno.

Metal	Símbolo	Densidad(g/cm^3)
Oro	Au	19,3
Mercurio	Hg	13,6
Plomo	Pb	11,4
Plata	Ag	10,5
Cobre	Cu	8,96
Hierro	Fe	7,86
Estaño	Sn	7,3

Tabla 1.2. Tabla de densidades de los siete metales conocidos desde la antigüedad.

Siete planetas y siete metales. ¿No habría alguna relación entre ambas clases de objetos? Los antiguos no creían en las coincidencias, de modo que se estableció una equivalencia entre ellos. Algunas de las relaciones eran evidentes: al sol tenía que corresponderle el oro, a la luna la plata. Además de la semejanza de color, los miembros de ambas parejas ocupaban los dos lugares preeminentes en las dos listas de planetas y metales, en el mismo orden.

La relación entre Venus y el cobre nos parece ahora más lejana, pero para los antiguos era inmediata. Este planeta, el astro más luminoso del cielo después del sol y de la luna, había sido identificado con la diosa del amor: la *Inanna* sumeria, la *Ishtar* acadia, la *Astarot* sirofenicia, la *Afrodita* griega, la *Venus* romana. Ahora bien: la fuente principal del cobre (*kypros* en griego) era la isla de Chipre, que entonces se llamaba *Kypros*, como el metal. Por lo tanto, Chipre significa *el país del cobre*. La diosa principal de Chipre era Afrodita, que por ello recibía también el nombre de *Kyprina* (la dama de Chipre). Dada esta coincidencia, no es de extrañar que la diosa (es decir, el planeta) quedara ligada al metal rojo.

En cambio, la relación del planeta rojo con el hierro nos parece obvia. Este astro había sido identificado con el dios de la guerra (*Nergal* en Babilonia, *Ares* en Grecia, *Marte* en Roma) y el hierro era el metal con el que se hacían las armas, mientras que el color del planeta era el de la sangre que se derramaba con su uso.

Quedaban tres parejas, y en dos de ellas la relación no fue difícil de encontrar. Al planeta más lento (*Saturno* en Roma, *Kronos* en Grecia) se le adjudicó el plomo, el metal pesado. Al planeta que, después de la luna, es el más rápido, el que se mueve más deprisa mientras oscila a uno y otro lado del sol (el *Mercurio* romano, mensajero de los dioses, *Nabu* en Babilonia, *Hermes* en Grecia) vino a corresponderle el metal más ligero, no por su densidad, sino por su fluidez. De hecho, en este caso, el nombre del planeta ha llegado en muchas lenguas a suplantar al del metal, que inicialmente era *plata líquida* o *plata viva*[9]. La última pareja se formó por exclusión. Es curioso que el planeta asociado al dios supremo, el *Júpiter* romano, el *Marduk* babilonio, el *Zeus* griego, tuviera que contentarse con ser el dios del estaño.

Abrumados ante la importancia del número siete, que veían escrito en los cielos y en las profundidades de la tierra, los babilonios renunciaron a seguir los movimientos de la luna con una semana de longitud variable. Cada uno de los siete días vino a dedicarse a uno de los siete dioses, y por ende a uno de los planetas. La asignación se llevó a cabo de acuerdo con el siguiente esquema:

---

[9] *hydrargyros*, en griego, *quicksilver*, en inglés.

Cada una de las horas de cada día se asoció con uno de los planetas, en orden de velocidad creciente contra el fondo de las estrellas fijas (Saturno, Júpiter, Marte, el sol, Venus, Mercurio y la luna). Cuando se acababan los planetas, lo que ocurría cada vez que el número de horas acumuladas era múltiplo de siete, se volvía a empezar por el primero. Al pasar al segundo día, se asociaba a la primera hora el planeta siguiente al último del día anterior, y así sucesivamente hasta completar la semana. Al octavo día, las advocaciones vuelven a repetirse exactamente igual que en el primero: el ciclo ha quedado completo. El resultado se muestra en la tabla 1.3.

El tiempo y el hombre

Hora	Día 1	Día 2	Día 3	Día 4	Día 5	Día 6	Día 7
1	Saturno	Sol	Luna	Marte	Mercurio	Júpiter	Venus
2	Júpiter	Venus	Saturno	Sol	Luna	Marte	Mercurio
3	Marte	Mercurio	Júpiter	Venus	Saturno	Sol	Luna
4	Sol	Luna	Marte	Mercurio	Júpiter	Venus	Saturno
5	Venus	Saturno	Sol	Luna	Marte	Mercurio	Júpiter
6	Mercurio	Júpiter	Venus	Saturno	Sol	Luna	Marte
7	Luna	Marte	Mercurio	Júpiter	Venus	Saturno	Sol
8	Saturno	Sol	Luna	Marte	Mercurio	Júpiter	Venus
9	Júpiter	Venus	Saturno	Sol	Luna	Marte	Mercurio
10	Marte	Mercurio	Júpiter	Venus	Saturno	Sol	Luna
11	Sol	Luna	Marte	Mercurio	Júpiter	Venus	Saturno
12	Venus	Saturno	Sol	Luna	Marte	Mercurio	Júpiter
13	Mercurio	Júpiter	Venus	Saturno	Sol	Luna	Marte
14	Luna	Marte	Mercurio	Júpiter	Venus	Saturno	Sol
15	Saturno	Sol	Luna	Marte	Mercurio	Júpiter	Venus
16	Júpiter	Venus	Saturno	Sol	Luna	Marte	Mercurio
17	Marte	Mercurio	Júpiter	Venus	Saturno	Sol	Luna
18	Sol	Luna	Marte	Mercurio	Júpiter	Venus	Saturno
19	Venus	Saturno	Sol	Luna	Marte	Mercurio	Júpiter
20	Mercurio	Júpiter	Venus	Saturno	Sol	Luna	Marte
21	Luna	Marte	Mercurio	Júpiter	Venus	Saturno	Sol
22	Saturno	Sol	Luna	Marte	Mercurio	Júpiter	Venus
23	Júpiter	Venus	Saturno	Sol	Luna	Marte	Mercurio
24	Marte	Mercurio	Júpiter	Venus	Saturno	Sol	Luna

Tabla 1.3. Asignación de un planeta a cada una de las horas de cada día de la semana.

Finalmente, a cada día de la semana se le hizo corresponder el planeta o el dios que presidía su primera hora. Este sistema, inventado por los babilonios, fue copiado primero por los griegos, que cambiaron los nombres de los dioses por los suyos equivalentes, y más tarde por los romanos, que hicieron otro tanto. La tabla 1.4 presenta el resultado y también indica las equivalencias entre días de la semana, planetas y metales.

Día de la semana	Nombre latino	Nombre castellano	Planeta	Metal
1	dies saturni	sábado	Saturno	plomo
2	dies solis	domingo	Sol	oro
3	dies lunae	lunes	Luna	plata
4	dies martis	martes	Marte	hierro
5	dies mercurii	miércoles	Mercurio	mercurio
6	dies iovis	jueves	Júpiter	estaño
7	dies veneris	viernes	Venus	cobre

Tabla 1.4. Asignación de un planeta y un metal a cada día de la semana.

Los nombres latinos de los planetas siguen utilizándose en la actualidad. Los de los días de la semana han sufrido cambios a lo largo de los siglos, pero en cinco de ellos (del tercero al séptimo) se observa aún claramente, en castellano, el parentesco con el nombre del dios cuya advocación le correspondía. Recuérdese que *iovis* es el genitivo de *Iuppiter* y *veneris* el de *Venus*.

Los hebreos adquirieron de Babilonia la semana de siete días y le dieron sanción religiosa al describir la creación del mundo como un proceso que ocupó a Dios durante seis días, dedicando el séptimo al descanso. Era la justificación de la institución del reposo sabático (el día del *sabbath*).

Cuando los cristianos se extendieron por el imperio y alcanzaron predominio e influencia a partir del siglo IV, se introdujeron dos cambios en los nombres de los días de la semana: sucedió que el *sabbath* judío coincidía con el primer día de la semana romana (el día de Saturno), por lo que dicho día pasó a convertirse en nuestro sábado. Además, el día más importante de la semana pasó a ser el segundo, puesto que Jesucristo resucitó la mañana siguiente a un *sabbath*. Se cambió entonces la numeración para que el día del sol pasara a ser el primero y se modificó también su nombre, convirtiéndolo en *dies dominica* (el día del Señor), de donde procede nuestro domingo.

Los nombres latinos de los días de la semana se transmitieron a otras lenguas romances, como el castellano, el francés, el italiano o el rumano. En las lenguas germánicas y el finlandés, el nombre del dios romano fue sustituido por su equivalente en la mitología germánica primitiva: *Tiu* (dios de la guerra) por Marte; *Woden* u *Odin* por Mercurio; *Thor* (dios de la tormenta) por Júpiter; *Freyja* (diosa del amor) por Venus. El domingo y el lunes se convirtieron en derivaciones de los nombres del sol y de la luna en las lenguas respectivas (véase la tabla 1.5).

El sábado es una excepción. En inglés y holandés, su nombre deriva del latino, del dios Saturno. En alemán ha sido sustituido por la frase *víspera de domingo* (*Sonnabend*). Sólo en las lenguas escandinavas parece tener relación con un dios germánico (Lör). En alemán y finlandés ha cambiado también el nombre del miércoles, reemplazado por la frase *mitad de la semana* (*Mittwoch* y *keskiviikko*, respectivamente).

Finalmente, en griego moderno, portugués y las lenguas eslavas (polaco, servo-croata, ruso) los nombres de los días laborables derivan de su número de orden, aunque las dos primeras empiezan a contar por el domingo, las eslavas por el lunes. El sábado y el domingo mantienen su carácter especial: el primero está siempre relacionado con el *sabbath* judío.

Lengua	domingo	lunes	martes	miércoles	jueves	viernes	sábado
Francés	dimanche	lundi	mardi	mercredi	jeudi	vendredi	samedi
Italiano	domenica	lunedi	martedi	mercoledi	giovedi	venerdi	sabato
Rumano	duminică	luni	marți	miercuri	joi	vineri	sâmbătă
Inglés	Sunday	Monday	Tuesday	Wednesday	Thursday	Friday	Saturday
Holandés	zondag	maandag	dinsdag	woensdag	donderdag	vrijdag	zaterdag
Alemán	Sonntag	Montag	Dienstag	Mittwoch	Donnerstag	Freitag	Sonnabend
Danés	søndag	mandag	tirsdag	onsdag	torsdag	fredag	lørdag
Sueco	söndag	måndag	tisdag	onsdag	torsdag	fredag	lördag
Finlandés	sunnuntai	maanantai	tiistai	keskiviikko	torstai	perjantai	lauantai

Tabla 1.5. Nombres de los días de la semana en varias lenguas europeas.

Nuestra deuda con la civilización mesopotámica

Resumiendo lo anterior, se puede decir que debemos a la civilización mesopotámica, a través de los griegos y romanos, muchos de los elementos de nuestra cultura, más de los que creemos, pero especialmente las unidades que utilizamos para medir el transcurso del tiempo y sus derivados:

- El mes lunar.
- La división del año en doce meses.
- La división del día en veinticuatro horas.
- La división de la hora en sesenta minutos.
- La división del minuto en sesenta segundos.
- El carácter fatídico del número trece.
- La semana.
- Los nombres de los días de la semana.

Es una lista impresionante. Además, está incompleta. A lo largo del libro se añadirá algún elemento más.

El año solar

Hemos visto que el calendario babilónico era lunisolar (o lunarsolar), porque intentaba compaginar, seguir al mismo tiempo, los ciclos del sol (de las estaciones) y de la luna, el mes lunar, la sucesión de fases de nuestro satélite. Por el contrario, un calendario solar es el que intenta seguir exclusivamente al sol, prescindiendo de la luna.

El calendario egipcio fue diseñado mucho antes que el babilónico: quizá varios milenios antes. La civilización egipcia era eminentemente agrícola. Su mayor riqueza, el río Nilo, el más largo del mundo. Cada año, hacia mediados de junio, con precisión casi matemática, el río se salía[10] de sus márgenes e inundaba las tierras limítrofes, depositando cantidades enormes del limo negro que arrastran las aguas. La avenida, provocada por la llegada de la estación de lluvias en Etiopía, dura unos cuatro meses. Más tarde las aguas se retiran, pero queda el limo, que da a estas tierras una extraordinaria fertilidad.

El clima egipcio es predominantemente desértico. De no ser por las crecidas anuales del Nilo, que hicieron posible el desarrollo de la agricultura, nunca habría aparecido allí una civilización importante. Gracias a ella, los campesinos no dependían de las condiciones atmosféricas para el desempeño de sus actividades. No les era necesario contar los días, como ocurría en Mesopotamia: el río actuaba como calendario y les libraba de esta preocupación. A finales de octubre, la retirada de la inundación señalaba el momento de comenzar la siembra.

Aunque heredaron de los sumerios el mes lunar y la división del día en veinticuatro horas, los egipcios no se consideraban ligados a las

---

[10] Desde la inauguración en 1971 de la presa de Asuán, el flujo del Nilo ya no está sujeto a las estaciones, sino que puede ser controlado por el hombre.

fases de la luna. El astro de la noche, que tan importante papel desempeñaba en el calendario babilónico, no tuvo mayor trascendencia en un sistema agrícola que no tenía que contar largos periodos de tiempo. Por esta razón, los egipcios prescindieron de las complicaciones del sistema lunisolar de sus vecinos del golfo pérsico. Observaron que el periodo entre dos inundaciones consecutivas era aproximadamente igual a trescientos sesenta y cinco días, y no se preocuparon de más. Su calendario se basaba en un año de esta duración, dividido en doce meses iguales de treinta días, más cinco días supernumerarios que se consideraban festivos, situados después del último mes. Con este sistema, la evolución de las fases de la luna y los meses del calendario civil se convirtieron en procesos totalmente asíncronos.

Más tarde se descubrió que el movimiento del sol con respecto a las estrellas fijas tiene también un periodo aproximadamente igual a trescientos sesenta y cinco días, por tanto idéntico al de las inundaciones del Nilo. Era lógico y correcto establecer una relación causal entre ambos fenómenos. Se supuso que el movimiento del sol a lo largo del año provocaba las avenidas del gran río. Por eso, el año egipcio vino a llamarse *año solar*.

Hacia el comienzo de la inundación del Nilo, el día 15 de junio, para ser exactos, la estrella fija Sirio, la más brillante del cielo nocturno, surge por el este, en la latitud de la ciudad de Menfis, en el momento del alba, es decir, pocos instantes antes que el sol[11]. Era lógico, y en este caso inexacto, relacionar también ambos fenómenos. Los egipcios creían que la confluencia de Sirio con el sol era la causa de las crecidas del

---

[11] Se dice que tiene lugar la *salida helíaca* de Sirio, pues *Helios* era el nombre griego del sol. Antes de esta fecha, Sirio ha sido alcanzado por el sol, permaneciendo invisible durante algunos días.

Nilo. Por esta razón, su año comenzaba, en principio, el día de la confluencia, que corresponde aproximadamente al solsticio de verano.

Pero el año solar no tiene trescientos sesenta y cinco días exactos, sino que es un poco más largo. En números redondos, cada cuatro años el calendario civil se adelantaba un día con respecto al sol. En una civilización milenaria como la egipcia, este efecto acumuló grandes errores. El principio del año fue desplazándose progresivamente respecto a la confluencia de Sirio y el sol. Tres cuartos de milenio después de la institución del calendario solar, el desfase era igual a seis meses y el año comenzaba hacia el solsticio de invierno.

¿Pusieron los egipcios remedio a este estado de cosas introduciendo correcciones, como hicieron los babilonios? Nada de eso. Sus campesinos, al fijar el momento de la siembra, seguían rigiéndose por la crecida del Nilo. Poco les importaba que el año civil fuese independiente del año agrícola. Ambos coexistían, y eran festivos sus respectivos días iniciales. Sin embargo, los egipcios sabían perfectamente lo que estaba sucediendo. Calcularon que, al cabo de 1461 años civiles, o 1460[12] años agrícolas (años solares reales) el desfase se hacía igual a un año entero y el principio del calendario civil volvía a coincidir con el calendario agrícola (con la crecida del Nilo). Se llama *ciclo sótico*[13] cada uno de estos periodos de alrededor de un milenio y medio. Los años en que coincidían los dos días de año nuevo, se celebraban fiestas extraordinarias, semejantes a las nuestras de principio de siglo, pero mucho más alejadas entre sí en el tiempo.

---

[12] Hoy se sabe que este intervalo es realmente igual a 1508 años agrícolas, pues la duración del año es de 365,2421988 días, en lugar de 365,25, como pensaban los egipcios.

[13] De *Sothis*, nombre egipcio de la estrella Sirio.

Se sabe que una de estas *fiestas del gran año*, como las llamaban, tuvo lugar el 1321 antes de Cristo. Es razonable suponer que la institución del calendario egipcio tuvo que ocurrir también en una de estas coincidencias. Por consiguiente, para hallar la fecha de su instauración basta restar 1460 años del 1321, lo que nos lleva al 2781 antes de Cristo, en tiempos de la cuarta dinastía. Si el calendario resultara ser aún más antiguo, habría que remontarse hacia atrás otro ciclo sótico, hasta el año 4241 antes de Cristo, para buscar su origen. Muchos historiadores consideran demasiado antiguo este último año, pero otros lo defienden, basándose en diversos argumentos. En cualquier caso, el calendario solar de los egipcios se remonta al menos hasta principios del tercer milenio antes de Cristo, quizás hasta el quinto milenio. Esto lo convertiría, sin duda, en el calendario más antiguo del mundo.

El calendario egipcio no incluía la semana. Los meses se dividían en tres unidades de tiempo más pequeñas, de diez días cada una.

El calendario romano

El calendario romano primitivo era lunisolar, como el babilonio y el griego. Al principio, el año comenzaba en el equinoccio de primavera y tenía solamente los diez meses indicados en la tabla 1.6. De acuerdo con Plutarco, Numa Pompilio, sucesor de Rómulo y segundo rey de Roma según la tradición, añadió otros dos meses: *Ianuarius* (por el dios Ianus o Jano) y *Februarius*, situándolos al final del año. Los doce meses eran lunares, de 29 o 31 días, y sumaban 355 días, por lo que de tiempo en tiempo era necesario intercalar un mes adicional, para que el principio del año no se alejara demasiado del equinoccio de primavera[14].

---

[14] El principio del año pasó a celebrarse el día uno de enero hacia el año 153 a.C.

Mes	Origen del nombre
Martius	El dios Marte
Aprilis	Mes soleado, mes de la apertura de las flores o, según otros, consagrado a Afrodita
Maius	La diosa Maia o, según otros, en honor del senado, los *maiores*
Junius	La dios Juno, el cónsul Iunius Brutus o, según otros, la asamblea de los *iuniores*
Quintilis	El quinto
Sextilis	El sexto
September	El séptimo
October	El octavo
November	El noveno
December	El décimo

Tabla 1.6. Origen del nombre de los diez meses del calendario romano primitivo.

Dentro de cada mes había tres días especialmente importantes, que se llamaban *calendas* (primer día del mes), *nonas* (noveno día antes de los *idus*, con el cómputo inclusivo) e *idus*[15], que divide al mes en dos partes (solía coincidir con la luna llena) y correspondía al 15 en *Martius*, *Maius*, *Quintilis* y *October* y al 13 en los meses restantes. Los demás días se nombraban en relación con el día importante que les seguía. Por ejemplo, el último y penúltimo día de febrero se llamaban, respectivamente, segundo y tercer día de las calendas de marzo.

El día primero de cada mes, los pontífices y sacerdotes proclamaban solemnemente el cambio del ciclo lunar. Al contrario que en los calendarios babilónico y griego, no existía un sistema regular para la inserción del mes decimotercero[16], sino que se hacía al arbitrio del

---

[15] *Calendae, nonae, idus*. De *calendae* deriva la palabra *calendario*.
[16] El mes adicional se llamaba *intercalans*, que significa *en medio de las*

pontífice máximo, principal autoridad religiosa. Pero este cargo era político y entraba en el juego de partidos, que cobró especial virulencia durante los últimos años de la república. Como las magistraturas políticas duraban un año, los pontífices anunciaban la necesidad de intercalar el mes adicional cuando deseaban prolongar el gobierno del partido que ostentaba el poder y lo omitían cuando los magistrados no eran de su agrado. El resultado fue caótico. Hacia mediados del siglo I antes de Cristo, el error acumulado ascendía a ochenta días: casi una estación.

El dictador Cayo Julio César quiso poner punto final a este estado de cosas. Para ajustar el año romano a las estaciones, añadió tres meses al año 46, que tuvo en total 445 días. Se le llamó *el año de la confusión*, pero acabó con una situación insostenible. A continuación, impuso una reforma del calendario que tomó como modelo el año solar de los egipcios. Para su realización práctica contó con la colaboración de Sosígenes, astrónomo de Alejandría. El nuevo calendario romano, llamado *juliano* en honor de su patrocinador, era mejor que el egipcio. En el año 380 a. de J. C., el griego Eudoxus de Cnido había calculado que la duración del año solar era de 365 días y seis horas (365,25 días[17]). Sosígenes lo tuvo en cuenta y diseñó el calendario juliano como un ciclo de cuatro años: tres de 365 días y uno de 366, al que se añadía un día intercalar.

También se abandonó la adaptación de los meses a las fases de la luna: el año se dividió en doce meses de 30 y 31 días, con la excepción de febrero, que tenía 29 (véase la tabla 1.7). Los romanos consideraban a

---

calendas, porque se introducía entre los días séptimo y sexto de las calendas de marzo (23 y 24 de febrero).
[17] Como se ha visto, los egipcios lo sabían desde mucho antes, pues esta duración intervenía en el cálculo de su *gran año*.

febrero como mes de mal agüero (era el mes de los muertos y de los dioses infernales) y por esa razón redujeron sus días. Por otra parte, con esta distribución, los años de 366 días eran totalmente regulares, con meses de 31 y 30 días alternados.

El día intercalar de los años de 366 días se insertaba en el mes de febrero, entre el séptimo y el sexto día antes de las calendas de marzo, es decir, entre el 24 y el 25 de febrero según la numeración actual. Por esta razón le llamaron *bis sexto calendae Martii* (día sexto bis antes de las calendas de marzo), de donde viene el apelativo de *bisiesto*, que se ha transferido al año entero.

Mes	Días (año normal)	Días (bisiesto)	Mes	Días (año normal)	Días (bisiesto)
Ianuarius	31	31	Quintilis	31	31
Februarius	29	30	Sextilis	30	30
Martius	31	31	September	31	31
Aprilis	30	30	October	30	30
Maius	31	31	November	31	31
Junius	30	30	December	30	30

Tabla 1.7. Número de días de cada mes tras la reforma del calendario por Julio César.

Julio César murió asesinado el día de los idus de marzo del 44 antes de Cristo, poco más de un año después de la implantación de su calendario. Como reconocimiento de su reforma, el senado romano le dedicó el mes de su nacimiento (*Quintilis*), que pasó a llamarse Julio. Poco después, un error de interpretación llevó a intercalar días bisiestos cada tres años en vez de cada cuatro. En el año 8 antes de Cristo, Octavio Augusto mandó corregir este error. Aprovechando la ocasión, el senado romano decidió dedicarle también un mes, eligiendo *Sextilis*, que pasó a llamarse *Augustus* y hoy se ha convertido en nuestro agosto. En cambio, cuando el senado ofreció a su sucesor Tiberio dedicarle el mes *September*, lo rechazó diciendo: *¿Qué haréis después del duodécimo emperador?*

Como el mes de Julio tenía 31 días, el de Augusto no podía ser menos, por lo que se le asignó un día adicional, que se quitó a febrero. Además, como quedaban tres meses seguidos con 31 días (julio, agosto y septiembre), se cambió la distribución de los cuatro últimos meses del año, que pasó a ser la de la tabla 1.8 y se ha mantenido invariable hasta nuestros días. Después de la modificación de Augusto[18], el calendario juliano se aplicó ininterrumpidamente durante más de un milenio y medio.

Mes	Días (año normal)	Días (bisiesto)	Mes	Días (año normal)	Días (bisiesto)
Ianuarius	31	31	Iulius	31	31
Februarius	28	29	Augustus	31	31
Martius	31	31	September	30	30
Aprilis	30	30	October	31	31
Maius	31	31	November	30	30
Junius	30	30	December	31	31

Tabla 1.8. Número de días de cada mes tras la reforma del calendario por Augusto.

---

[18] Algunos historiadores ponen en duda que Augusto hiciese añadir un día a su mes y piensan que la distribución actual se remonta a la reforma de César.

Los nombres de las unidades de tiempo

La relación entre el mes y la luna es evidente y antiquísima, pues es posible deducir que ambos conceptos estaban representados por la misma palabra en la lengua indoeuropea primitiva, que sólo se conoce por deducciones etimológicas basadas en los idiomas conocidos que descienden de ella: el gótico antiguo, el latín, el griego, el hitita, el persa y el sánscrito. La palabra en cuestión tenía la raíz *mēn-s*. La tabla 1.9 presenta la forma adoptada por los dos términos en diversas lenguas europeas antiguas y modernas. Para mayor simplicidad, en todos los casos se utiliza el alfabeto latino.

Aunque el nombre griego de la luna era originalmente *men*, más tarde se vio suplantado por *selene*. Del mismo modo, en latín se produjo también una separación de los dos conceptos, introduciéndose el término *luna*[19] para referirse al astro, aunque se mantuvo la raíz *mens* para referirse al mes lunar. Este rasgo se ha transmitido después a las lenguas romances, como puede verse en la tabla. En el caso del rumano, el cambio ha afectado también al mes.

---

[19] Luna deriva de *lux* (luz), como *selene* viene de *selas*, que también significa luz.

Lengua	Mes	Luna	Lengua	Mes	Luna
Indoeuropeo antiguo	*mēn-s	*mēn-s	Portugués	mês	lua
Griego	men	men	Ruso	mésiats	luná
Latín	mensis	luna	Alemán	Monat	Mond
Italiano	mese	luna	Danés	måned	måne
Francés	mois	lune	Noruego	måned	måne
Castellano	mes	luna	Holandés	maand	maan
Rumano	lună	lună	Inglés	month	moon

Tabla 1.9. Nombres del mes y de la luna en distintas lenguas europeas.

Al contrario que el mes, la palabra que designa el año no se ha mantenido constante en las lenguas europeas modernas, pues su origen etimológico se diversificó en varias familias. La raíz indoeuropea original (*wet-) permaneció reconocible en el griego, el hitita y el finlandés, y se introdujo en el latín a través de la palabra *vetus*, que además de viejo, si se aplica al vino, significa *añejo*. La tabla 1.10 presenta las cuatro familias en que se dividen etimológicamente las lenguas europeas en relación con la palabra año.

Familia	Lengua	Año	Familia	Lengua	Año
Antigua	Indoeuropeo antiguo	*wet-		Rumano	an
	Griego clásico	etos	Septentrional	Escandinavas	år
	Hitita	witt		Alemán	Jahr
	Finlandés	vuotta		Holandés	jaar
Meridional	Latín	annus		Inglés	year
	Italiano	anno	Oriental	Ruso	goda
	Francés	année		Servo-croata	godina
	Castellano	año	Otras	Polaco	roku
	Portugués	ano			

Tabla 1.10. Nombre del año en distintas lenguas europeas.

Por último, la tabla 1.11 presenta la forma que adoptan las palabras *día* y *semana* en estas lenguas. Puede comprobarse que la uniformidad de la palabra *día* es mayor que la de *año*, aunque menor que la de *mes*. Es evidente que el indoeuropeo antiguo tenía una raíz muy semejante, que se difundió a las lenguas germánicas y eslavas y al latín, y de éste a las lenguas romances. Sólo son excepciones el griego y el finlandés. En cuanto al francés y el italiano, la pérdida de la raíz es sólo aparente, pues *jour* y *giorno* derivan, como nuestra *jornada*, del latín *diurnus*, que a su vez viene de *dies*.

Lengua	Día	Semana	Lengua	Día	Semana
Griego clásico	emera	ebdome	Sueco	dag	vecka
Latín	dies	hebdomas	Alemán	Tag	Woche
Italiano	giorno	settimana	Holandés	dag	week
Francés	jour	semaine	Inglés	day	week
Castellano	día	semana	Ruso	den'	nedelju
Portugués	dia	semana	Servo-croata	dan	nedelju
Rumano	zi	săptămână	Polaco	dzień	tydzień
Danés	dag	uge	Finlandés	päiväksi	viikoksi
Noruego	dag	uke			

Tabla 1.11. Nombres del día y la semana en distintas lenguas europeas.

El caso de la semana es diferente, pues se trata de una institución de origen babilónico, que no conocieron los nómadas indoeuropeos y que, incluso en Roma, sólo se impuso oficialmente a partir del siglo IV después de Cristo. Por eso, los términos que denotan esta unidad de tiempo tienen varios orígenes independientes. Así, del griego *ebdome*, que significa *séptimo día*, derivó el latín *hebdomas*. Las lenguas romances sustituyeron el prefijo griego *ebdomos* (séptimo) por el latino (*septimus*), de donde desciende nuestra semana. Las lenguas germánicas y el finlandés tomaron otra raíz (*uik* o *vik*), visible en todas ellas. Las lenguas eslavas siguieron otros caminos.

En cuanto a las unidades menores de tiempo, la palabra latina *hora* procede del griego *ora*, que significaba *periodo de tiempo*. Del latín se transmitió a todas las lenguas romances y germánicas (*heure* en francés, *hour* en inglés, *Uhr* en alemán, *uur* en holandés). En danés, por una curiosa transposición, el término *ur* ha pasado a significar reloj, mientras que *hora* ha pasado a decirse *time*. Algo parecido está ocurriendo con el alemán *Uhr*, que significa simultáneamente *hora* y *reloj*. Por último, ya se ha mencionado que *minuto* viene del latín *minutus* (pequeño) y *segundo* de *secundus*, por tratarse de la segunda subdivisión de la hora.

Nuestra deuda con el calendario romano

Resumiendo lo anterior, se puede decir que debemos a la civilización romana, en relación con la medida del tiempo, los siguientes elementos de nuestra cultura:

- El año solar, que originariamente procede de Egipto.
- Los nombres de los doce meses del año.
- La duración de los doce meses del año.
- Los nombres de los días de la semana (excepto el sábado), que a su vez ellos tomaron de los babilonios, a través de Grecia.
- El comienzo del año el día 1 de enero.
- El año bisiesto.
- Las palabras *calendario, bisiesto, año, mes, semana, día, hora, minuto* y *segundo*.

El calendario judío y la crucifixión de Cristo

Durante la deportación de Babilonia (586-538 a.C.), el pueblo hebreo adoptó un calendario de tipo babilónico y lo llevó consigo al regresar a Palestina. En las celebraciones religiosas todavía sigue utilizándose el resultado de su última modificación, que tuvo lugar en el año 359 después de Cristo. Es un calendario lunar-solar, con meses de veintinueve y treinta días, más o menos alternos, que siguen fielmente el ciclo de la luna: la primera observación de la luna nueva fijaba empíricamente el comienzo de cada mes. El control del calendario, como en la mayor parte de los pueblos de la antigüedad, correspondía al cuerpo sacerdotal.

Ordinariamente, el año tenía doce meses lunares, pero como así se perdían, por término medio, once días cada año respecto al ciclo solar, de vez en cuando era preciso introducir un mes intercalar, con lo que algunos años tenían trece meses. Si se combina esto con la variabilidad del número de días de cada mes, existen seis tipos de años diferentes: los de doce meses con 353 días (defectuosos, hasera), 354 (normales, sedura) y 355 (completos, shelema); y los de trece meses correspondientes, con 383, 384 y 385 días, respectivamente.

Para dar nombre a los meses, los judíos copiaron los del calendario babilónico, con algunas modificaciones debidas a su pronunciación en una lengua diferente: Nisán, Iyyar, Siván, Tammuz, Ab, Elul, Tishri, Heshván, Kislev, Tebet, Shebat y Adar. El mes comenzaba con el primer avistamiento de la luna nueva. El mes intercalar se añadía al final del año y se llamaba segundo Adar.

Al principio, como otros calendarios, el año judío comenzaba hacia el equinoccio de primavera (Ex. 12,2). En el punto medio del primer mes, el día 15 de Nisán, coincidiendo con la luna llena, tiene lugar la Pascua, una de sus celebraciones religiosas más importantes, que recuerda la salida de Egipto y el paso del mar bajo la dirección de Moisés. Según el libro del Éxodo, la primera Pascua se celebró la noche en que tuvo lugar la décima y última plaga, la exterminación de los primogénitos egipcios. Sólo fueron respetadas las casas marcadas con la sangre del cordero pascual (Ex. 12,21-23). Posteriormente se añadió una segunda celebración del año nuevo, que se trasladó al equinoccio de otoño, en los dos primeros días del mes de Tishri. Esta festividad, llamada Rosh Hashona (cabeza del año) aumentó en importancia en los últimos siglos.

Como se ha visto, la semana desempeña un papel importantísimo en la vida judía a través de la institución del sabbath, en defensa de la cuál muchos judíos llegaron a derramar su sangre. El día judío, como el babilonio, empezaba a la puesta del sol, al revés de lo que ocurría en civilizaciones vecinas como la egipcia, cuyo día daba comienzo al alba. En consecuencia, la prohibición de realizar trabajos en sabbath se extiende desde el ocaso del (para nosotros) día anterior, hasta la puesta del sol del propio sabbath. Por eso, hablando de los días de la creación, el libro del Génesis dice: "...y hubo tarde y mañana, día primero..." (Gen. 1,5). "...y hubo tarde y mañana, segundo día..." (Gen. 1,8), etc.

A principios de nuestra era, no existía una regla rígida para la proclamación de los meses intercalares. Era el tribunal supremo judío (el Sanedrín), compuesto por los miembros de la aristocracia sacerdotal, quien decretaba cada año si debía o no intercalarse un mes adicional. Había varios criterios para decidirlo. El principal consistía en que la celebración de la Pascua tenía que tener lugar después del equinoccio de primavera, pero si el año agrícola había sido excepcionalmente malo y los primeros frutos (que debían ofrecerse en dicha fiesta) no estaban maduros, o si los corderos del sacrificio no habían crecido lo suficiente, el Sanedrín podía decidir intercalar un nuevo mes, retrasando un ciclo completo la celebración de la fiesta mayor.

Todas estas peculiaridades del calendario judío han servido de base para el cálculo de la fecha probable de la crucifixión de Cristo. Según los evangelios, Jesús fue crucificado el viernes 14 o 15 del mes de Nisán : la víspera o el día de Pascua de aquel año. Por otra parte, la crucifixión tuvo lugar durante el gobierno de Poncio Pilato, de quien sabemos por otras fuentes que fue procurador de Judea entre los años 26 y 36 de la era cristiana. Se trata, por lo tanto, de averiguar cuáles de los días 14 o 15 del mes de Nisán pudieron caer en viernes durante esa década, lo que nos daría las fechas posibles para la crucifixión.

El cálculo es complicado, porque no han quedado noticias históricas respecto a la introducción de meses adicionales en aquellos años. Además, mientras es posible calcular con exactitud el momento exacto de cada luna nueva astronómica (el paso de la luna por el punto de su órbita intermedio entre la Tierra y el sol), no ocurre lo mismo con el momento exacto de la primera aparición de la luna nueva, que depende de las condiciones atmosféricas. Teniendo en cuenta todas las posibilidades, se llega a la conclusión de que los días 14 y 15 de Nisán pudieron caer en viernes únicamente en una de las fechas siguientes:

- 11 de abril del año 27 (14 o 15 de Nisán).
- 7 de abril del año 30 (14 o 15 de Nisán).
- 3 de abril del año 33 (14 de Nisán).
- 23 de abril del año 34 (15 de Nisán).

El año 27 queda eliminado por ser demasiado pronto: de acuerdo con el evangelio de San Lucas, Juan el Bautista comenzó su predicación en el año décimo-quinto del imperio de Tiberio César (Lc. 3,1-2), que viene a corresponder al 28 o 29 de nuestra era. Dado que Juan bautizó a Jesús, éste no pudo morir antes de esta fecha.

También el año 34 da lugar a algunos problemas. En primer lugar, el día 15 de Nisán sólo pudo caer en viernes si se trató de un año excepcionalmente malo y, como consecuencia, se intercaló un mes adicional que en sí mismo no era necesario. En segundo lugar, teniendo en cuenta los escritos de San Pablo, se calcula que su conversión debió tener lugar en el año 34. Se sabe que hubo de pasar cierto tiempo entre la crucifixión y la conversión, pues los cristianos habían comenzado a extenderse por Oriente Medio cuando Pablo tomó parte en la persecución contra ellos, según él mismo confiesa. La coincidencia de los dos sucesos en el mismo año parece poco probable, por lo que el 23 de abril del año 34 quedaría también eliminado.

Quedan los años 30 y 33. Las preferencias de los historiadores se dividen entre las dos fechas. Humphreys y Waddington, de la Universidad de Oxford , utilizan el siguiente argumento para decidirse por la segunda:

El día de Pentecostés, después de la venida del Espíritu Santo sobre los Apóstoles, Pedro se dirigió al pueblo con las siguientes palabras: ...esto es lo dicho por el profeta Joel: "...El sol se tornará tinieblas, y la luna sangre, antes de que llegue el día del Señor, grande y manifiesto." (Ac. 2,16-20). Es evidente que Pedro aplica la profecía a los sucesos que estaban ocurriendo o habían sucedido en aquellos días. En particular, el día del Señor, grande y manifiesto, debe ser el de la Resurrección. ¿A qué se refería, entonces, con las palabras *el sol se tornará tinieblas y la luna sangre*?

Que el día de la crucifixión se oscureció el sol lo mencionan varios evangelios (Mt. 27,45, Mc. 15,33, Lc. 23,45). No puede tratarse de un eclipse solar, que sólo tiene lugar durante una luna nueva, cuando el satélite se interpone entre la Tierra y el sol, mientras la Pascua se celebra siempre en luna llena, pero sí pudo ser una tormenta de polvo, frecuente en aquellas regiones. Sin embargo, la profecía menciona que la luna se tornó sangre. Pedro hace uso de esta cita siete semanas después de la crucifixión, por lo que debió de tratarse de algo que todos los presentes podían recordar con facilidad: Humphreys y Waddington proponen un eclipse de luna.

En la literatura de la antigüedad y de la edad media, es frecuente describir un eclipse de luna con las palabras *la luna se convirtió en sangre*. Este fenómeno ocurre siempre en tiempo de luna llena, cuando la Tierra se interpone entre el sol y el satélite. La luna no se oscurece por completo en sus eclipses. Los rayos solares se refractan en la atmósfera terrestre, se reflejan en ella y vuelven a refractarse en la atmósfera para llegar hasta nosotros, pero al pasar por tantas capas de aire pierden las frecuencias azuladas del espectro y se vuelven rojizos (es el mismo fenómeno que enrojece las puestas de sol). Por ello, la luna eclipsada parece haberse convertido en sangre.

¿Ocurrió un eclipse de luna el día de la crucifixión y a ello se refieren las palabras de San Pedro? Humphreys y Waddington han calculado las fechas de todos los eclipses de luna visibles en Jerusalén entre los años 26 y 36 de nuestra era. Sólo uno de ellos tuvo lugar en las proximidades de la Pascua judía: el 3 de abril del año 33. Esta fecha sería, por lo tanto, la más probable para la crucifixión.

Sin embargo, la cuestión no ha quedado decidida. Por un lado, no está claro que el eclipse fuese visible en Jerusalén. Humphreys y Waddington calculan que pudo serlo marginalmente en el momento en que la luna se alzaba sobre el horizonte. Sin embargo, si acababa de tener lugar una tormenta de polvo, la visibilidad no sería buena. Por otra parte, sin necesidad de eclipse, las palabras la luna se tornará sangre podrían aplicarse también al 7 de abril del año 30: si una tormenta de polvo había oscurecido el sol desde la hora sexta a la novena (del mediodía a las tres de la tarde) la atmósfera estaría cargada de polvo a las seis (la hora duodécima), cuando apareció la luna llena en el horizonte del este. La presencia de ese polvo enrojecería más de lo normal la luz de la luna. La frase sería aplicable en ambas fechas y el razonamiento de Humphreys y Waddington no resulta totalmente convincente.

La fecha de la Pascua de Resurrección

Cuando el Cristianismo se extendió por el imperio romano, muchos de los primeros cristianos provenían de un ambiente cultural judío. En consecuencia, el cálculo de la Pascua de Resurrección, que estaba ligado con la Pascua judía, se siguió llevando a cabo de acuerdo con el calendario de este pueblo. Como el calendario civil romano era solar, la fecha de la Pascua variaba cada año en relación con el calendario juliano. En el siglo II surgió una discrepancia en su cálculo entre las iglesias cristianas de oriente y occidente: las primeras celebraban la Pascua el día catorce del mes de Nisán del calendario judío; la iglesia de Roma la retrasaba hasta el domingo siguiente.

En el año 325, el concilio de Nicea fijó definitivamente la fecha de la Pascua en el primer domingo después de la primera luna llena después del equinoccio de primavera, que ese año correspondió al 21 de marzo. Para calcular la fecha en que caerá la Pascua en un año determinado, se utiliza un ciclo de 19 años (el metónico), junto con las tablas de *epactas*[20], que permiten calcular la *edad de la luna* (su posición en el ciclo de las fases) el día uno de enero de cualquier año y, a partir de él, en cualquier día del año. La cosa se complica, porque el ciclo de 19 años introduce un error de un día cada 300 años poco más o menos, y hay que realizar varias correcciones. Por último, hay que trasladar la fecha de la Pascua al domingo siguiente.

La sucesión de las fechas de Pascua es muy complicada. Donald Knuth[21] proporciona su versión de un algoritmo que se remonta al siglo XVI y se realiza en ocho pasos sucesivos. Veamos el quinto, expresado en el lenguaje C:

```
E=(11*G+20+Z-X)%30;
if (E==24 || E==25 && G>11) E++;
```

El valor obtenido[22] en la variable E es la epacta, que se repite con un ciclo próximo a los 7000 años. Combinando esto con las correcciones y peculiaridades del calendario gregoriano (véase más adelante), se calcula que deben transcurrir unos cinco millones

---

[20] Del griego *epagein*, intercalar.
[21] *The Art of Computer Programming*, Donald E. Knuth, 4 vols., Addison-Wesley, 1968-2006.
[22] *Se calcula E=(11G+20+Z-X)$_{(mod\ 30)}$, donde G, Z y X han sido calculados en los pasos anteriores del algoritmo. Entonces, si E es igual a 24, o bien si E es igual a 25 y G es mayor que 11, se incrementa E en una unidad.*

setecientos cincuenta mil años para que las fechas de la Pascua se repitan en el mismo orden. La tabla 1.12 (tabla de epactas) proporciona el día de la primera luna llena después del equinoccio de primavera y abarca hasta el año 2199.

	0	1	2	3	4	5	6	7	8	9
Hasta 1582	5/4	25/3	13/4	2/4	22/3	10/4	30/3	18/4	7/4	27/3
1583-1699	12/4	1/4	21/3	9/4	29/3	17/4	6/4	26/3	14/4	3/4
1700-1899	13/4	2/4	22/3	10/4	30/3	18/4	7/4	27/3	15/4	4/4
1900-2199	14/4	3/4	23/3	11/4	31/3	18/4	8/4	28/3	16/4	5/4
	10	11	12	13	14	15	16	17	18	
Hasta 1582	15/4	4/4	24/3	12/4	1/4	21/3	9/4	29/3	17/4	
1583-1699	23/3	11/4	31/3	18/4	8/4	28/3	16/4	5/4	25/3	
1700-1899	24/3	12/4	1/4	21/3	9/4	29/3	17/4	6/4	26/3	
1900-2199	25/3	13/4	2/4	22/3	10/4	30/3	17/4	7/4	27/3	

Tabla 1.12. Tabla de epactas para calcular la fecha de la primera luna llena tras el equinoccio de primavera, hasta el año 2199.

Para calcular la fecha de la Pascua a partir de la tabla 1.12, basta dividir el año por 19 y obtener el resto. La tabla nos da la fecha de la primera luna llena después del equinoccio de primavera. Finalmente, basta pasar al domingo siguiente[23]. Por ejemplo, el año 2011, dividido por 19, da un resto igual a 16. Al indexar la tabla por la fila correspondiente a los años 1900 a 2199 y la columna 16, se obtiene el 17 de abril. Como esa fecha cae en domingo, la Pascua de Resurrección se celebra el domingo siguiente, 24 de abril. Veamos otro ejemplo: el año 1600, dividido por 19, da resto 4. Al indexar la tabla por la fila correspondiente a

---

[23] Esta regla se aplica aunque la fecha obtenida caiga en domingo.

los años 1583 a 1699 y la columna 4, se obtiene el 29 de marzo. Como ese día fue miércoles, la Pascua de Resurrección se celebró el domingo siguiente, 2 de abril.

El resultado de todo esto es que la Pascua es una fecha móvil, que varía de año en año entre el 22 de marzo y el 25 de abril. Otras celebraciones ligadas a ella, como la Quincuagésima (séptimo domingo antes de Pascua), la Ascensión (cuarenta días después de Pascua con el cómputo inclusivo), Pentecostés (cincuenta días después de Pascua), la Trinidad (el domingo siguiente) y la fiesta del Cuerpo de Cristo (el noveno jueves después de Pascua), se mueven igualmente.

Si se sustituyera el método establecido por el concilio de Nicea por uno más sencillo, o si se fijara la Pascua con relación al calendario civil (por ejemplo, en el primer domingo del mes de abril), se eliminaría el cálculo más engorroso que queda en la actualidad en relación con el calendario. La división de las iglesias cristianas se opone a ello, pues sería difícil ponerlas a todas de acuerdo, como se logró en Nicea. De todas formas, en la actualidad ya existen diferencias en la fecha de celebración de la Pascua por las distintas iglesias, pues algunas mantienen el calendario juliano, mientras otras utilizan el gregoriano.

En latín, la palabra *vesper* significa atardecer. Los cristianos mantuvieron por algún tiempo la convención judaica de dar comienzo a los días (y en particular las festividades) la tarde del día anterior. Aún conservamos un resto de esta costumbre en la palabra *víspera*, que hoy significa *el día anterior a alguna celebración*, y en la norma reciente de la Iglesia católica que considera válidas para el cumplimiento de la asistencia dominical las misas celebradas la tarde del día anterior, aunque ya no se exige que tengan lugar después de la puesta del sol. En cambio, para los primeros cristianos, la frase *vesper Nativitatis* (por ejemplo) significaba literalmente *la tarde de Navidad* y se refería a la tarde anterior a la mañana de dicho día, es decir, nuestra *Nochebuena*.

Ya que hablamos de la Navidad, recordemos que esta fiesta cristiana no se celebró siempre el 24 de diciembre. El tiempo del solsticio de invierno fue ocasión de celebraciones importantes en los pueblos de la antigüedad, pues representaba el momento en que el sol, después de perder altura durante seis meses, se recobraba y comenzaba de nuevo el movimiento ascensional. Para los antiguos, siempre quedaba el temor de que algún año el sol no lograra recobrarse y siguiera descendiendo hasta desaparecer para siempre, lo que sería catastrófico para la humanidad. Entre las fiestas que se celebraban con ocasión del triunfo del sol destacaban en el imperio romano las saturnales (Saturno era el dios de la agricultura) y las del *nacimiento del sol invicto*, relacionadas con el culto de Mitra, una divinidad de origen persa que ganó mucha influencia en Roma, especialmente en ambientes castrenses, en los primeros siglos de nuestra era[24].

---

[24] Véase *El Sello de Eolo*, Manuel Alfonseca, Edebé, Barcelona, 2000. La fiesta del nacimiento del sol invicto fue instaurada por Aureliano en el año 274. Hay razones para suponer que eligió esa fecha como alternativa pagana a una Navidad cristiana que ya se celebraba en ese día.

En el siglo IV, la Iglesia cristiana se convirtió en la religión más importante del imperio, desplazando al Neopaganismo y a las religiones de origen oriental. Entonces se fijó, en todo el ámbito del imperio romano, la celebración del nacimiento de Cristo en el 25 de diciembre[25] y se identificó al *sol invicto* del mitraísmo con el redentor que derrotó a la muerte con su resurrección. Como la Iglesia, por aquel tiempo, ya había adoptado el calendario juliano, la fiesta de la Navidad quedó fija en relación a éste, por lo que no es movible, como la Pascua de Resurrección.

También fue el cristianismo el que introdujo oficialmente la semana en el calendario romano, aunque ya existía, sin efectos civiles y con fines astrológicos, antes de esa fecha: lo prueba el hecho de que cada uno de sus días había recibido la advocación de un dios, como se dijo más arriba.

Nuestra deuda con el calendario judío

Debemos a la civilización hebrea, en relación con la medida del tiempo y el calendario, los siguientes elementos de nuestra cultura:

- La semana, que procede inicialmente de Babilonia y llegó a nosotros a través de Roma.

---

[25] No hay en los evangelios razones para suponer que Cristo naciese en diciembre; la presencia de pastores pernoctando al aire libre lo hace poco probable. Sin embargo, siguiendo una tradición judía que sostenía que la fecha de la muerte de los profetas tenía que coincidir con la del día en que fueron engendrados, algunos cristianos de los primeros siglos calcularon que Cristo habría nacido nueve meses después de la Pascua, es decir, a finales de diciembre.

- Las fechas de las fiestas movibles.
- La palabra *víspera*, a través del latín.
- La celebración del *sabbath*, que en el caso cristiano se retrasa al domingo.
- El nombre del sábado.

El calendario gregoriano

Después de la caída del imperio romano de occidente, el calendario juliano mantuvo su vigencia durante más de un milenio. Sin embargo, aunque muy aproximado, no era perfecto. La duración que asignaba al año era de 365,25 días, mientras su duración real es de 365,2421988... días. Por consiguiente, el error cometido es de 0,0078011 días por año, unos 11 minutos y 14 segundos, lo que puede parecer poco, pero a lo largo de mil años se convierte en varios días. De hecho, el error asciende aproximadamente a un día cada 128 años: poco más de tres días cada 400 años.

En el siglo XIII, desde el concilio de Nicea, se habían acumulado ocho días de diferencia, por lo que el equinoccio de primavera ya no coincidía con el 21 de marzo, sino que se había adelantado al 13 del mismo mes. El filósofo y científico inglés Roger Bacon se dio cuenta de esto. En 1263, escribió al papa Urbano VII explicando el caso. Sin embargo, aunque el proyecto de Bacon contó con el apoyo de su sucesor, el papa Clemente IV, la época no era propicia para hacer reformas: el sacro imperio romano-germánico de los Hohenstaufen se había venido abajo. La segunda mitad del siglo XIII se caracteriza, en Europa central, por el vacío de poder y la lucha de facciones (güelfos y gibelinos en Italia). El resultado, para la Santa Sede, fue el cautiverio de Avignon, que comenzó en 1309 y duró sesenta y ocho años. En estas condiciones, no se emprendió ninguna reforma del calendario. Tampoco tuvieron éxito, dos siglos más tarde, los intentos del erudito alemán Nikolas Chrypffs (Nicolás de Cusa) y del astrónomo alemán Johann Müller (Regiomontano).

En el último cuarto del siglo XVI, el papa Gregorio XIII decidió resolver definitivamente el problema. Para entonces, el error del calendario juliano acumulaba ya diez días y el equinoccio de primavera tenía lugar el once de marzo. El interés de la Iglesia se debía a que el cálculo de la fecha de la Pascua, de acuerdo con las normas del concilio de Nicea, fija la fecha del equinoccio en el 21 de marzo.

El papa convocó un equipo de científicos y clérigos, a los que encargó la preparación de un proyecto de reforma. La comisión adoptó la solución propuesta por uno de sus miembros, el astrónomo jesuita Christof Clavius, y formulada originalmente por Luigi Lilio (Aloisius Lilius), profesor de medicina nacido en Verona. Después de acalorada polémica, el papa promulgó el nuevo calendario, que en su honor se denominó gregoriano, en la bula del 24 de febrero de 1582.

Para restablecer el equinoccio de primavera en el 21 de marzo, se suprimieron diez días, saltando desde la noche del jueves 4 de octubre de 1582 a la mañana del viernes 15 del mismo mes. Al anochecer del día 4 murió Santa Teresa de Jesús, cuya fiesta se habría celebrado el día 5 de no ser por la reforma . Además, para corregir en lo sucesivo el error del calendario juliano, se suprimieron tres años bisiestos cada cuatrocientos años con la siguiente regla: se mantiene la periodicidad de tres años ordinarios de 365 días (los que no son múltiplos de cuatro) por cada año bisiesto (los múltiplos de cuatro). Sin embargo, entre los años que con el calendario Juliano habrían sido bisiestos, se excluyen los que son múltiplos de cien pero no de cuatrocientos. Desde la instauración del calendario gregoriano, esto ha ocurrido tres veces: los años 1700, 1800 y 1900. El año 2000, sin embargo, sí fue bisiesto. El próximo año diferente será el 2100.

En definitiva, cada cuatrocientos años se introducen en el calendario gregoriano 97 días adicionales, en lugar de los 100 del calendario juliano. Como consecuencia, la duración media del año deja de ser igual a 365,25 días y pasa a ser de 365,2425. Compárese esa cifra con la verdadera, 365,2421988 días. Sigue habiendo un error, pero es mucho más pequeño, pues vale 0,0003011 días por año, unos 26 segundos: veintiséis veces menor que el del calendario juliano. Con el tiempo, el error acumulado del equinoccio de primavera volverá a alcanzar el valor de un día, pero para que eso ocurra tendrán que transcurrir 3321 años contados a partir de la fecha de entrada en vigor del calendario gregoriano (1582), es decir, hacia el año 4903. No parece que deba preocuparnos por el momento.

Al hombre de la calle no le afectó la reforma del sistema de años bisiestos, pero eso de saltarse diez días del calendario le llegó al alma. Algunos se preguntaron si la reforma desorientaría a las aves migratorias, que precisamente en octubre debían elegir el momento adecuado para marchar hacia el sur. La bula papal decretaba la excomunión para quienes no lo aceptaran, pero en

1582, como consecuencia de la reforma de Lutero, la Iglesia se había dividido. Los países protestantes, recelosos de la autoridad del papa, se negaron a adoptar el calendario gregoriano, que sólo se convirtió en oficial en los países católicos.

Poco a poco, la evidencia de los hechos se impuso: el calendario gregoriano era más exacto que el juliano. Los estados alemanes protestantes, Holanda y Dinamarca resistieron hasta el año 1699: la proximidad del año 1700, en el que su calendario acumularía el undécimo día de error, precipitó la adopción del gregoriano. Gran Bretaña lo hizo medio siglo más tarde: el cambio, adoptado por decisión del parlamento, tuvo lugar el 2 de septiembre de 1752, del que se saltó al 14 del mismo mes. Hubo protestas públicas, en las que se acusaba al gobierno de robar once días de vida a los ciudadanos. Suecia lo adoptó un año más tarde.

Este cambio de calendario ocurrió un cuarto de siglo antes de la independencia de los Estados Unidos de América, pero después del nacimiento de su artífice, George Washington, que tuvo lugar el 11 de febrero de 1732 por el calendario juliano, entonces en vigor. Sin embargo, en los Estados Unidos el cumpleaños de Washington se celebra el 22 de febrero, la fecha gregoriana equivalente.

Europa oriental y la Iglesia ortodoxa se aferraron durante más tiempo al calendario juliano. Albania, Bulgaria, Rumania, Estonia, Letonia, Lituania y Yugoslavia adoptaron el gregoriano entre 1912 y 1917. Grecia fue la última, en 1923. En 1918, la Unión Soviética aceptó el sistema utilizado por la mayor parte de los países del mundo. Al hacerlo, introdujo una pequeña modificación en la regla que regula qué años terminados en tres ceros serán bisiestos, para hacer su calendario aún más exacto que el gregoriano . Eliminando tres días adicionales cada diez mil años, la duración media del año pasaría a ser de 365,2422. Comparada con la verdadera, 365,2421988, sigue habiendo un error de 0,0000011 días (una décima de segundo) por año, menos de un día cada 800,000 años.

Algunos países no europeos adoptaron también el calendario gregoriano durante los siglos XIX y XX. Japón fue uno de los primeros, en 1873; China lo hizo en 1912. Hacia 1924, Mustafá Kemal Atatürk impuso el calendario gregoriano en Turquía.

Actualmente, sólo algunas ramas de la Iglesia ortodoxa (entre ellas la rusa) siguen aferrándose al calendario juliano para las celebraciones litúrgicas. Puesto que el retraso de dicho calendario asciende ya a trece días, esas iglesias celebran la Nochebuena el día 6 de enero del año siguiente.

El calendario republicano francés

El día 22 de septiembre de 1792, la Convención Nacional francesa abolió la monarquía y proclamó la república. Para celebrarlo, un año después se aprobó la instauración de un nuevo calendario. El año quedaba dividido en doce meses de treinta días, más cinco días supernumerarios, que pasaban a seis si el año era bisiesto. También se abolió la semana, pues cada mes se dividía en tres décadas de diez días.

El día de año nuevo correspondía a nuestro 22 de septiembre. Curiosamente, coincide con el equinoccio de otoño, lo que debe considerarse casual. Se fijó también una nueva era, que comenzaba el 22 de septiembre de 1792 y que pasó a llamarse día 1 del primer mes del año 1 de la república. Los años bisiestos seguían el ritmo del calendario gregoriano, pero se colocaron en el tercer año de cada cuatro. Los nombres asignados a los meses, detallados en la tabla 1.13, recordaban las tareas agrícolas y los tiempos atmosféricos más frecuentes en la época del año correspondiente.

El calendario republicano no logró arraigar, ni siquiera entre el pueblo francés. El 1 de enero de 1806 fue abolido por el emperador Napoleón Bonaparte y el calendario gregoriano volvió a ser oficial en Francia.

Estación	Mes	Explicación	Corresponde aprox.
otoño	vendémiaire	mes de la vendimia	octubre
	brumaire	mes de la niebla	noviembre
	frimaire	mes de la escarcha	diciembre
invierno	nivôse	mes de la nieve	enero
	pluviôse	mes de la lluvia	febrero
	ventôse	mes del viento	marzo
primavera	germinal	mes de la germinación	abril
	floreal	mes de las flores	mayo
	prairial	mes de los prados	junio
verano	messidor	mes de la siega	julio
	thermidor	mes del calor	agosto
	fructidor	mes de los frutos	septiembre

Tabla 1.13. Nombres de los meses en el calendario revolucionario francés.

El calendario islámico

Es uno de los pocos calendarios estrictamente lunar. Cada año se divide en doce meses de treinta y veintinueve días alternados. Para corregir el hecho de que la duración del ciclo lunar no sea igual a 29,5 días, se puede añadir un día intercalar en el último mes, con lo que éste pasa a durar treinta días. Esto se hace once veces cada treinta años[26], por lo que hay 19 años normales de 354 días por cada once de 355. En este ciclo de treinta años habrá, por lo tanto, trescientos sesenta meses lunares con un total de 10631 días. Puesto que el ciclo lunar real dura 29,530588 días, tendrá 10631,012 días, por lo que el calendario islámico se aparta de la luna un día cada 2550 años islámicos.

El calendario islámico no tiene en cuenta el ciclo del sol, por lo que sus años son más cortos que los nuestros: 354,37 días, en media, comparados con los 365,2425 del calendario gregoriano. Se sigue que 2550 años islámicos equivalen a 2474 años gregorianos, aproximadamente. Como este calendario entró en vigor en el año 622 de la era cristiana, la discrepancia con el ciclo de la luna no será apreciable hasta el año 3096, aproximadamente.

El desfase de casi once días entre el ciclo lunar y el solar causa también que los meses islámicos no guarden relación con las estaciones, pues van desplazándose respecto a éstas en un ciclo que dura aproximadamente 33 de nuestros años o 34 años islámicos.

---

[26] En los años 2, 5, 7, 10, 13, 16, 18, 21, 24, 26 y 29 de cada ciclo de treinta.

Durante el noveno mes (el ramadán) los miembros de la religión islámica deben abstenerse de comer y beber desde la salida hasta la puesta del sol. El ayuno es especialmente difícil cuando el mes de ramadán cae en el verano, como ocurrió durante el campeonato mundial de fútbol de 1982, celebrado en España: los hoteles en que se hospedaban los equipos musulmanes participantes (Argelia y Kuwait) tuvieron que disponer horas especiales para la celebración de las comidas. Es de suponer que los jugadores de estos países sufrirían mucho durante los partidos, pues el tiempo fue bastante caluroso y no podían beber agua durante los encuentros.

La palabra calendario se dice en árabe *al manaj*, que se refiere también al tiempo atmosférico. Este término se ha incorporado a nuestra lengua en la forma *almanaque* y también conserva su doble significado, pues se aplica a ciertas publicaciones anuales que suelen contener datos astronómicos y predicciones del tiempo.

El calendario chino

El calendario tradicional chino, más tarde adoptado por Japón, es muy antiguo. Se sabe que los chinos conocían el ciclo lunar de 29,5 días y el solar de 365,25 desde la dinastía Shang, catorce siglos antes de Cristo. Parece que también descubrieron el ciclo metónico un siglo antes que Metón. El calendario era, pues, lunisolar, con un año dividido en doce meses a los que, de tiempo en tiempo, se añadía otro (*el mes número 13*). Después se adoptó un método más complejo, que divide la eclíptica[27] en 24 partes iguales de 15°. La intercalación de meses adicionales dependía de la situación del ciclo de la luna cuando el sol pasaba por los 24 puntos, cuyos nombres tienen asociaciones meteorológicas. Este calendario se denomina *yin-yang li* (literalmente, *calendario lunar-solar*).

El año, que comienza hacia mediados de febrero, forma también parte de un ciclo de doce años, cada uno de los cuales queda bajo la advocación de un animal diferente: el ratón, el buey, el tigre, el conejo, el dragón, la serpiente, el caballo, la oveja, el mono, el gallo, el perro y el jabalí, por este orden. 2008 es un año del ratón.

Las fechas del calendario agrícola se señalaban contando los días desde el año nuevo. Así, por ejemplo, la siembra corresponde al día 88. En el día 210, solía llegar un tifón a las costas japonesas. Días de especial celebración eran también los solsticios, los equinoccios y los que señalaban la mitad de las estaciones. Había también un ciclo de doce días, que ocupaba el lugar de nuestra semana. Doce ciclos de doce días (144) tenían una importancia especial, señalada con celebraciones apropiadas.

Con la adopción por Japón en 1873 del calendario occidental, se introdujo la semana de siete días. Para los nombres de los días se mantuvo la advocación planetaria (sol, luna, Marte, Mercurio, Júpiter, Venus y Saturno), pero utilizando los nombres locales, de origen chino. En particular, Marte es el planeta del fuego por su color, Mercurio el del agua, Júpiter el de la madera,

[27] El camino aparente del sol a través del cielo, en relación con las estrellas.

Venus el del oro por su brillo, y Saturno el de la tierra, pues los chinos habían adjudicado a cada planeta uno de sus cinco elementos básicos.

El calendario maya

Es el más complejo de los ideados por los pueblos americanos antes de la conquista. Los mayas inventaron un sistema de numeración basado en el número 20, que al revés de los sistemas numéricos inventados por otras civilizaciones, contenía un símbolo para representar el cero[28]. Conocían el calendario solar de 365 días, sin correcciones, y lo dividían en 18 *meses*[29] de 20 días, a los que se añadían cinco días adicionales, que se consideraban de mala suerte. Parece que los mayas estaban bastante avanzados en astronomía como para deducir que ocho años solares equivalen a cinco ciclos de las fases de Venus[30]. En cambio, las fases de la luna no parecen tener nada que ver con su calendario.

Además, utilizaban otros ciclos no astronómicos, relacionados con su sistema de numeración, que daba especial

---

[28] Se conocen los veinte símbolos que utilizaban para representar los números, del 0 al 19.
[29] Los llamamos meses por analogía con los nuestros, pero su duración indica que no tienen relación con la luna.
[30] El ciclo de las fases de Venus dura 584 días. Durante la mitad del ciclo, el planeta sale y se pone antes que el sol y es visible al amanecer (es la *estrella de la mañana*). Durante la otra mitad, sale y se pone después que el sol y es visible al anochecer (es la *estrella de la tarde*). La relación descubierta por los mayas sólo es aproximada, pues se refiere a años de 365 días, que difieren un poco de los reales.

importancia, además de al veinte, al número trece. Así, existía un ciclo ritual de trece meses (260 días) llamado *tzolkin*, palabra que significa *cuenta de días*. Todos sus días recibían nombres independientes, formados por un número (del 1 al 13) y un nombre, elegido de una serie de veinte. Los mayas descubrieron un ciclo de 73 *tzolkin* o 52 años de 365 días (la *ronda del calendario*), después del cuál se repite la posición de los días del *tzolkin* en el calendario civil. La tabla 1.14 representa las principales unidades mayas de medida del tiempo.

Ciclo	Duración (días)
kin (día)	1
uinal (mes)	20
tzolkin (13 *uinal*)	260
tun (18 *uinal*)	360
haab (año)	365
katún (20 *tun*)	7200
ronda del calendario (52 *haab*, 73 *tzolkin*)	18980
baktún (13 *katún*)	93600
baktún doble (20 *katún*)	144000

Tabla 1.14. Principales unidades de medida del tiempo en el calendario maya.

Los aztecas adoptaron una versión simplificada del calendario maya, traducida a su lengua, que utilizaba el ciclo de 260 días y el año de 365, pero prescindía de las unidades más largas (el *katún* y los *baktún*). Otros pueblos americanos (los indios de Norteamérica, los peruanos y otros) tenían calendarios más primitivos, usualmente lunares o lunisolares, pero sus métodos de medida del tiempo eran incomparablemente menos avanzados que los de los pobladores de Centroamérica.

Propuestas de reforma del calendario

El calendario gregoriano, que está en uso en la mayor parte de los países del mundo, tiene algunos inconvenientes: por un lado, los meses tienen duraciones variables; por otro, la semana y el año son inconmensurables: un año ordinario de 365 días contiene 52 semanas y un día; un año bisiesto, 52 semanas y dos días. Por ello, la posición de cada día del mes dentro de la semana va variando al pasar de un año al siguiente. Por ejemplo: el 12 de abril del año 2000 fue miércoles; la misma fecha del año 2001 fue jueves; en el 2002, fue viernes; en el 2003, sábado; y en el 2004, lunes. El salto es de un día en los años normales y de dos días en los bisiestos para los días posteriores al 29 de febrero, y en el año siguiente para los anteriores. Por eso el nombre inglés de los años bisiestos es *leap year* (el año del salto), pues la sucesión de los días de la semana que ocupa una fecha dada a lo largo de los años sufre una discontinuidad.

La consecuencia principal de todo esto es que no es posible tener un calendario único que valga para todos los años. El ciclo de días de la semana se repite con periodicidad de 28 años (el producto de los siete días de la semana por el ciclo de los cuatro años bisiestos), pero en realidad sólo existen catorce calendarios diferentes: siete para los años normales, siete para los bisiestos. Además, es muy difícil decir de memoria, sin consultar un calendario, en qué día de la semana caerá una fecha determinada. Esto es molesto, especialmente en un mundo tan copioso en actividades comerciales y administrativas como el nuestro. ¿No sería posible evitarlo?

Los intentos modernos de reforma del calendario van por ese camino. En 1954, la ONU adoptó una resolución, a propuesta de la Unión India, en la que se pedía a todos los países miembros que estudiaran la posibilidad de llegar a un acuerdo para adoptar universalmente una reforma del calendario que afectara a la división del año en meses y semanas. Dos propuestas merecieron la atención del organismo internacional. La primera, el *calendario fijo internacional*, divide el año en trece meses de 28 días más un día supernumerario (dos, en el caso de los años bisiestos), que no ocuparían lugar en la semana. Los nombres de los meses serían los mismos que ahora, salvo por el mes adicional, llamado *sol*, que se intercalaría entre junio y julio. Todos los meses serían idénticos entre sí, pues abarcarían cuatro semanas exactas, y todos comenzarían en domingo. Tendríamos un calendario único, válido para todos los meses y todos los años: el de la tabla 1.15. El día adicional, día de fin de año, se colocaría entre el sábado 28 de diciembre y el domingo 1 de enero del año siguiente. El día adicional extra de los años bisiestos se intercalaría entre el sábado 28 de junio y el domingo 1 de sol. Este calendario tiene un inconveniente: los trece meses del año no se reparten bien entre las cuatro estaciones: cada una duraría tres meses y una semana.

D	L	M	X	J	V	S
1	2	3	4	5	6	7
8	9	10	11	12	13	14
15	16	17	18	19	20	21
22	23	24	25	26	27	28

Tabla 1.15. Calendario fijo internacional.

El *calendario mundial* evita este problema dividiendo el año en doce meses, tres por estación, con los mismos nombres que los meses actuales. Los tres meses de cada trimestre durarían, respectivamente, treinta y uno, treinta, y treinta días. Cada trimestre constaría de trece semanas (noventa y un días) y empezaría siempre en domingo. En este caso, el calendario de un solo trimestre de la tabla 1.16 se aplicaría a todos los trimestres y a todos los años. El primer mes de la tabla se aplicaría a enero, abril, julio y octubre. El segundo, a febrero, mayo, agosto y noviembre. El tercero, a marzo, junio, septiembre y diciembre. El día adicional que completaría los 365 de los años ordinarios, el *día mundial*, se colocaría entre el sábado 30 de diciembre y el domingo 1 de enero del año siguiente. El día intercalar de los años bisiestos se situaría entre el sábado 30 de junio y el domingo 1 de julio.

La principal dificultad para alcanzar un acuerdo para la reforma mundial del calendario tiene origen religioso: los judíos, los adventistas y los baptistas del séptimo día se oponen a romper la sucesión estricta de los días de la semana con la inserción de días adicionales, lo que

El tiempo y el hombre

afectaría al intervalo entre dos *sabbath* consecutivos, que para ellos es intocable. La Iglesia católica y muchas iglesias protestantes, en cambio, no parecen tener problema para aceptarlos.

D	L	M	X	J	V	S
1	2	3	4	5	6	7
8	9	10	11	12	13	14
15	16	17	18	19	20	21
22	23	24	25	26	27	28
29	30	31				

D	L	M	X	J	V	S
			1	2	3	4
5	6	7	8	9	10	11
12	13	14	15	16	17	18
19	20	21	22	23	24	25
26	27	28	29	30		

D	L	M	X	J	V	S
					1	2
3	4	5	6	7	8	9
10	11	12	13	14	15	16
17	18	19	20	21	22	23
24	25	26	27	28	29	30

Tabla 1.16. Calendario mundial.

Resumen de la historia del calendario

A lo largo de este capítulo se han descrito muchos tipos diferentes de calendarios que, no obstante, pueden clasificarse en tres grupos muy bien definidos:

- Calendarios lunares, que siguen exclusivamente el ciclo de las fases de la luna e ignoran por completo al sol: el calendario islámico pertenece a este grupo.
- Calendarios solares, que siguen exclusivamente el ciclo de las estaciones (el de la revolución de la Tierra alrededor del sol), sin hacer caso al de las fases de la luna: en este grupo se clasifican los calendarios egipcio, maya, juliano, gregoriano, republicano francés, fijo internacional y mundial.
- Calendarios lunisolares, que tratan de seguir simultáneamente los dos ciclos, a pesar de su inconmensurabilidad mutua. Entre ellos destacan los calendarios chino tradicional, mesopotámico, judío, metónico y el de la república romana.

Todo esto demuestra el interés insaciable que siente el hombre por la medida del tiempo, que aún perdura y que le mueve a producir sistemas cada vez más exactos, más aproximados a la realidad. Es una preocupación que ha surgido muchas veces independientemente, en pueblos muy alejados entre sí, a lo largo de la historia de la humanidad, desde el alba de la civilización.

Capítulo 2. Horas, minutos y segundos: la medida del tiempo

La medida de la hora a través del tiempo

A medida que los métodos para medir el tiempo fueron perfeccionándose, la definición de las unidades se hizo más precisa. Tras el reloj de sol de los chinos, hindúes y egipcios, que proporciona un valor aproximado de la hora del día, vino la clepsidra o reloj de agua, que mide intervalos de tiempo en función del descenso del nivel de líquido contenido en un recipiente, que se escapa progresivamente por un orificio. La clepsidra se utilizó en el ágora ateniense para marcar el tiempo asignado a cada orador y en las legiones romanas para calcular los turnos de guardia.

El reloj de arena, semejante al anterior, consta de dos compartimientos iguales unidos por un estrechamiento y mide un lapso determinado por el tiempo que tarda cierta cantidad de granos de arena en atravesar el angostamiento y pasar al compartimiento inferior. Cuando el espacio superior ha quedado vacío, el reloj puede volver a utilizarse, sin más que invertir su posición. Aún hoy, algunos juegos de mesa contienen un reloj de arena para medir los turnos de los participantes.

Los primeros relojes mecánicos parecen proceder de Alemania. En 1364, Henry de Vick recibió de Carlos V de Francia el encargo de montar un reloj en la torre del Palacio Real de París. Estos relojes eran grandes, de hierro, y contenían engranajes para asegurar la regularidad de su avance. La energía para su movimiento se extraía al principio de grandes pesas; a partir del siglo XVI, de resortes.

En 1583, Galileo Galilei, que estaba estudiando en Pisa, observó en la catedral que una lámpara oscilaba con movimientos cada vez menos alargados, hasta pararse. Con ayuda del pulso, midió la duración de las oscilaciones y comprobó que, aun cuando su longitud disminuía, el tiempo entre dos ciclos consecutivos permanecía constante. Acababa de descubrir la ley del péndulo.

Hacia 1656, el físico y astrónomo holandés Christian Huygens sustituyó el mecanismo regulador de un reloj ordinario por un péndulo conectado a los engranajes. Con ello inventó el reloj de péndulo, mucho más exacto y fiable que los demás relojes mecánicos de la época.

El auge de la navegación trajo consigo la necesidad de una precisión aún mayor en la medida del tiempo. En los barcos que cruzaban el océano, era necesario conocer la hora exacta para calcular su posición sin cometer grandes errores, pero los péndulos y otros mecanismos no podían mantener la regularidad de sus movimientos sobre la cubierta movediza de un buque. A mediados del siglo XVIII, el parlamento británico ofreció un premio a quien diseñara un buen reloj marino. El carpintero y relojero inglés John Harrison construyó varios modelos cada vez más perfeccionados, regulados por engranajes y movidos por la energía de un resorte. Su diseño se prestaba a la miniaturización, por lo que no tardaron en ponerse de moda los relojes de bolsillo y de pulsera entre las clases más elevadas de la sociedad, pues un reloj era entonces artículo de lujo. Sin embargo, el parlamento se negó a pagarle el premio[31] y Harrison habría acabado en la miseria, de no ser porque el rey Jorge III se apiadó de él y le concedió una pensión.

Durante el siglo XIX tuvieron lugar grandes avances en el dominio de la electricidad, cuyas técnicas no tardaron en aplicarse a la relojería. Hacia 1840, el inglés Alexander Blain construyó el primer reloj eléctrico. En los cien años siguientes, aparecieron modelos de todo tipo. Más tarde se descubrió que algunos materiales, como el cuarzo, generan una diferencia de potencial eléctrico entre sus caras si están sometidos a presión e, inversamente, se deforman si se aplica un voltaje entre dos superficies opuestas. Si el cristal de cuarzo entra en resonancia mecánica (lo que ocurre cuando sus caras se deforman regular y continuamente), se produce una corriente eléctrica oscilante, cuya intensidad oscila muchas veces por segundo con frecuencia constante. El ritmo de esta corriente se traslada a un contador de impulsos. Como éstos llegan de manera regular, al contarlos se está midiendo el paso del tiempo. Algunos relojes de cuarzo alcanzan una precisión tan grande, que sus errores se miden en segundos por milenio, aunque han de mantenerse en condiciones muy

---

[31] Los políticos siempre han sido cicateros con la ciencia y mezquinos con los científicos. A veces dan la impresión de que les duele cualquier gasto del dinero público que no acabe, directa o indirectamente, en sus bolsillos o en las arcas de su partido.

controladas de temperatura y humedad, para reducir al máximo las variaciones en la frecuencia de las vibraciones del cristal.

El instrumento más exacto de que disponemos para medir el tiempo es el reloj atómico. Para explicar su funcionamiento es preciso retroceder algunos siglos y remontarnos a los avances realizados en una de las ciencias físicas, la óptica, que estudia las propiedades de la luz.

Se sabía desde la antigüedad que la luz blanca se descompone en colores irisados cuando atraviesa una gota de agua o un vidrio de forma adecuada. En el siglo XVII, el físico inglés Isaac Newton demostró que la luz solar no es pura, pues está compuesta por una sucesión continua de colores que se denomina *espectro*[32]. Cada color puro o luz *monocromática*[33] corresponde a una frecuencia distinta de oscilación de la energía electromagnética. La *luz blanca* es la mezcla de luces de todos los colores (de todas las frecuencias visibles).

En 1802, el químico inglés William Hyde Wollaston descubrió que el espectro de la luz solar no es continuo, sino que en él aparecen rayas oscuras irregularmente distribuidas. En 1859, el físico alemán Gustav Robert Kirchhoff probó que los gases de los diversos elementos químicos absorben únicamente determinadas frecuencias luminosas: si se hace pasar luz blanca a través de ellos y se obtiene su espectro, en éste aparecen rayas oscuras propias del elemento de que se trate. A veces las rayas son borrosas y abarcan

---

[32] Del latín *spectrum*, imagen.
[33] Del griego *monos*, uno, *kroma*, color: de un solo color.

una banda de frecuencias más o menos ancha, pero en algunos casos son extraordinariamente nítidas y finas y corresponden casi exclusivamente a una frecuencia determinada.

Por otra parte, cuando un elemento químico en estado gaseoso se calienta hasta ponerse incandescente, emite ondas luminosas cuyas frecuencias corresponden exactamente con las rayas que el mismo elemento introduce en el espectro (las frecuencias que absorbe). De esta forma es posible obtener rayos luminosos cuya frecuencia está determinada con gran precisión.

Todo fenómeno cíclico repetitivo puede servir para medir el transcurso del tiempo. No es necesario disponer de un substrato material concreto que oscile, como en el caso de los cristales de cuarzo, sino que es posible utilizar algo tan inmaterial como un rayo luminoso para contar las vibraciones. Esto es, precisamente, lo que hace el reloj atómico. La luz monocromática de cierta longitud de onda emitida por vapores de cesio o de amoniaco atraviesa detectores especiales que cuentan las oscilaciones y regulan la marcha del reloj. Este es tan preciso, que a veces es necesario ajustarlo al movimiento de la Tierra alrededor del sol, que es menos regular y se desvía poco a poco. Cada cierto tiempo se introduce en el reloj atómico un *segundo bisiesto*. Cuando esto ocurre, un minuto pasa a tener 61 segundos (si es preciso atrasar el reloj) o 59 (si el ajuste es para adelantarlo).

La hora a través del espacio: latitud y longitud

En el capítulo anterior vimos que los dos movimientos principales de la Tierra, la rotación alrededor de su eje y su revolución alrededor del sol, nos han proporcionado dos unidades fundamentales para medir el tiempo: el día y el año. La hora, el minuto y el segundo son, en su origen, submúltiplos del día y no están ligados con ningún ciclo natural. Pero la Tierra influye también de otra forma en la manera de medir el tiempo. Por el hecho de ser una esfera, cada uno de los puntos de su superficie se encuentra, en cada momento, en una situación diferente con respecto al sol. Cuando aquí es de día, en nuestras antípodas es de noche, mientras en puntos intermedios amanece o anochece. Cuando aquí es invierno, en el hemisferio opuesto es verano, y viceversa.

Hiparco de Nicea (160-125 a. de J.C.) fue el primero en aconsejar la división ideal de la Tierra, que él consideraba una esfera perfecta, mediante un sistema de semicírculos máximos que parten de los polos y otro de secciones paralelas al ecuador. La posición de cualquier punto quedaría así definida por dos ángulos: el primero, la *longitud geográfica*, nos dice cuál de los semicírculos polares pasa por el punto; el otro, la *latitud geográfica*, cuál de las secciones paralelas al ecuador. La intersección de las dos curvas es única y coincide con el punto buscado.

Tanto los semicírculos polares como las secciones paralelas al ecuador, pueden considerarse como la intersección de ciertos planos con la superficie de la Tierra. Los planos pueden prolongarse hasta cortar a la esfera celeste en otra serie de círculos equivalentes a los terrestres, que también pueden utilizarse para localizar la posición de un astro en los cielos, mediante su longitud y su latitud celestes.

A lo largo de su camino aparente a través del cielo, reflejo del movimiento de rotación de la Tierra, el sol atraviesa, aproximadamente a mediodía, el semicírculo polar celeste que pasa por encima del punto donde nos encontramos. En ese momento, el sol se encuentra a mitad de camino entre el alba y el ocaso: es el punto medio del día, que en latín se dice *medidies*[34], nombre que, por extensión, se aplicó al semicírculo celeste situado sobre nuestras cabezas y que se ha ido corrompiendo con el tiempo hasta convertirse en *meridiano*. El meridiano terrestre de un lugar es el semicírculo que pasa por los dos polos y por dicho lugar. El meridiano celeste es la proyección del meridiano terrestre sobre la esfera celeste.

Para utilizar los meridianos como referencia para calcular la posición de un punto cualquiera de la superficie terrestre, es necesario fijar un origen de ángulos. A lo largo de la historia, cada país solía utilizar para estos menesteres el meridiano que pasaba por su capital, pero el incremento del comercio internacional y la navegación transoceánica obligó a alcanzar un acuerdo global para evitar el caos, que se adoptó en 1884, en la Conferencia del Meridiano de Washington, que decidió adoptar como origen de

---

[34] Del latín *medius*, que está en medio, y *dies*, día.

meridianos, o *meridiano cero*, el que pasa por el observatorio astronómico de Greenwich, cerca de la ciudad de Londres. La longitud de cualquier punto se mide por el ángulo que forma su meridiano con el que pasa por Greenwich. Como existen dos meridianos que forman exactamente el mismo ángulo, uno a occidente y otro al oriente de Greenwich, se habla de *longitud oeste* y de *longitud este*, respectivamente. En cuanto al meridiano que pasa por las antípodas del meridiano cero, se le nombra indistintamente como 180°E o 180°O.

Cuando se da la longitud de un punto, lo que se mide es el ángulo que forman dos planos: el que pasa por Greenwich y los dos polos, y el que pasa por los polos y por el lugar cuya posición se desea obtener. Los ángulos se han medido desde la antigüedad en grados, minutos y segundos de arco; por ello, las longitudes geográficas se dan también en estas unidades. Se habla, pues, de 73°59'39"O, longitud geográfica de la ciudad de Nueva York; de 37°48'5"E, longitud de la ciudad de Moscú; o de 3°40'10"O, longitud de la ciudad de Madrid.

Por sí sola, la longitud geográfica no basta para localizar la posición de un lugar determinado, puesto que todos los puntos que se encuentran en el mismo meridiano tienen la misma longitud. Hace falta otro dato que distinga estos puntos entre sí. Entre los infinitos círculos máximos que rodean la Tierra, sólo hay uno perpendicular a su eje: el ecuador, así llamado porque divide la esfera terrestre en dos partes iguales, a mitad exacta de camino entre ambos polos[35]. Si cortamos la Tierra mediante una serie de planos paralelos al ecuador, a medida que nos alejamos de éste y nos acercamos a los polos, las secciones obtenidas son círculos cada vez más pequeños. Al llegar al polo, el círculo se reduce a un punto. Estos círculos se llaman *paralelos*, porque son paralelos al ecuador.

Consideremos un meridiano determinado. Su intersección con el ecuador es un punto[36]. Tomamos este punto como origen y decimos que la latitud del lugar es de 0°. Su longitud será la del meridiano. Con estas dos medidas, la posición del punto en cuestión (llamémosle A) queda totalmente determinada.

Coloquémonos ahora en el punto B, situado a mitad de camino entre el ecuador y el polo norte, en ese mismo meridiano. El ángulo cuyo vértice está en el centro de la Tierra y sus extremos en los puntos A y B (véase la figura 2.1) medirá 45°. Si se repite el proceso desde cualquier otro meridiano, todos los puntos B obtenidos se encuentran en el mismo paralelo y todos forman un ángulo de 45° con los puntos correspondientes del ecuador. Por dicha razón, se puede definir el paralelo por medio de este ángulo.

---

[35] Del latín *aequator*, el que iguala,
[36] Recuérdese que los meridianos son semicírculos que van de polo a polo.

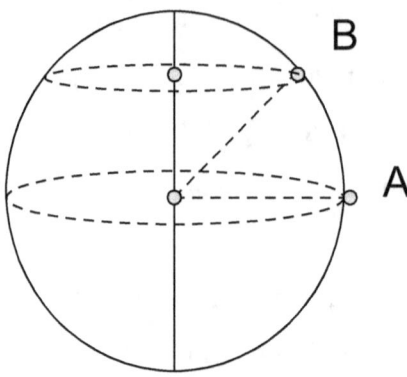

Figura 2.1. Paralelos y latitud geográfica.

Se puede hacer lo mismo a cualquier distancia entre el ecuador y el polo norte. Sea cual sea el meridiano que se escoja, todos los puntos del mismo paralelo quedan definidos por un ángulo, cuyo valor estará entre 0° para los puntos del ecuador, hasta 90° para el polo norte. Este ángulo se llama latitud geográfica; junto con la longitud, define perfectamente la posición de cada punto del hemisferio norte terrestre.

Sucede exactamente lo mismo entre el ecuador y el polo sur. De nuevo los ángulos correspondientes a cada paralelo van creciendo desde 0° en el ecuador hasta 90° en el polo. Para distinguir las latitudes de ambos hemisferios, a las del norte se les añade la letra N (que significa norte) y a las del sur la letra S (inicial de sur).

La posición de todos los puntos de la Tierra (excepto dos) queda determinada por sus dos *coordenadas geográficas*: la latitud y la longitud. Así por ejemplo, la ciudad de Nueva York se encuentra a 40°45'6" de latitud norte y 73°59'39" de longitud oeste. Las coordenadas de Madrid son 40°24'34"N y 3°40'10"O. Las de Canberra (Australia) son 35°20'30"S y 149°4'19"E.

Hemos visto que todos los meridianos pasan por el polo norte y por el polo sur. ¿Qué longitud geográfica tendrán los polos? ¿Todas? ¿Ninguna? Es indiferente. Los dos polos terrestres son los únicos puntos de la superficie que no necesitan más que una coordenada para quedar perfectamente determinados. Se recordará que el paralelo 90°N se reduce a un solo punto, el polo norte; del mismo modo, el paralelo 90°S se limita al polo sur. En estos dos casos, basta con dar la latitud del lugar para saber exactamente dónde nos encontramos. La longitud puede ignorarse.

Para los navegantes es muy importante conocer con gran exactitud el lugar en que se encuentran, pues sólo así podrán calcular el rumbo a seguir para llegar a la meta de su viaje. ¿Cómo se puede medir la latitud y la longitud de un punto determinado de la superficie de la Tierra?

La latitud es fácil, pues coincide con el ángulo que forma el polo norte celeste con el plano del horizonte. Basta, pues, localizar la posición de la estrella polar (que difiere del polo en menos de un grado) y medir el ángulo correspondiente, aplicando las correcciones oportunas. También es posible calcular la latitud en función de la altura del sol sobre el horizonte a mediodía. El aparato utilizado para medir estos ángulos se llama *sextante*[37].

---

[37] Del latín *sextans*, sexta parte. El sextante contiene una escala graduada de sesenta grados, la sexta parte de un circulo.

La longitud es más complicada, pues no existe ningún ángulo celeste del que sea posible deducirla. Hace falta disponer de un reloj calibrado para marcar la hora de Greenwich; seguir el rumbo del sol hasta que pasa por el punto más alto de su curso, aproximadamente a mediodía; calcular la diferencia horaria entre Greenwich y el lugar donde nos encontramos; y obtener de esta cifra la longitud deseada.

¿Le sorprende algo en el párrafo anterior? El sol *pasa por el punto más alto aproximadamente a mediodía.* Estamos tan acostumbrados a decir que el día dura 24 horas, que se nos olvida que esta es la duración del *día solar medio.* La órbita de la Tierra alrededor del sol no es un círculo perfecto, sino una elipse. El eje de la Tierra no es perpendicular al plano de la eclíptica. En consecuencia, cada día concreto dura un poco menos o un poco más de las veinticuatro horas reglamentarias, aunque a lo largo del año las diferencias se compensan, dando una media de veinticuatro horas exactas. Debido a esto, el sol no siempre pasa por el meridiano a las doce del mediodía, sino que a veces se adelanta o se retrasa, hasta alrededor de un cuarto de hora[38].

Para los efectos prácticos ordinarios, esta discrepancia puede ignorarse. Pero cuando un capitán de barco desea utilizar el momento del paso por el meridiano para calcular la posición exacta de su barco, tiene que tenerlo en cuenta. Si no lo hiciera, sus cálculos contendrían errores de hasta cuatro grados de longitud, en cualquiera de las dos direcciones. Estos errores son inaceptables:

---

[38] El sol pasa por el meridiano exactamente a las doce cuatro veces al año.

en el ecuador, una diferencia de cuatro grados corresponde a una distancia de 444 kilómetros. En los paralelos 45° norte o sur, corresponde a 314 kilómetros. ¿Se imagina un navegante que equivocara el rumbo y, en lugar de llegar a puerto, fuese a parar 300 kilómetros al este o al oeste? Para evitarlo, los capitanes de barco llevan cartas de navegación que indican, para cada día del año, la corrección que debe efectuarse en la diferencia horaria con respecto a Greenwich, medida de acuerdo con el paso del sol por el meridiano. Gracias a ellas, pueden calcular su posición con errores muy pequeños[39].

Husos horarios

¿A qué se debe que dos puntos con diferente longitud geográfica tengan distinta hora? Supongamos que, en un instante determinado, el sol está sobre el meridiano de Greenwich. Para simplificar, supondremos que es uno de los cuatro días del año en que el paso del sol por el meridiano coincide con las doce del mediodía. En ese mismo instante, en las antípodas de Greenwich es medianoche, puesto que el sol se encontrará justamente bajo sus pies. En un punto situado a mitad de camino, a 90°O (en la ciudad de Nueva Orleans, por ejemplo) el sol asomará por el horizonte del este, estará amaneciendo y serán las seis de la mañana. Por el contrario, en un lugar situado a 90°E (como Dacca, la capital de Bangla

---

[39] Todo esto, por supuesto, pertenece a la historia. En la actualidad, los barcos calculan su posición por vía satélite, con sistemas GPS y similares.

Desh) el sol estará a punto de ponerse por el horizonte del oeste y serán las seis de la tarde.

La longitud de un lugar y su diferencia horaria con Greenwich están relacionadas: una puede deducirse de la otra con facilidad. Como el movimiento aparente del sol le hace dar una vuelta completa (360°) cada 24 horas, en una hora avanza 15° (360÷24) y tarda cuatro minutos en recorrer un grado, cuatro segundos para un minuto de arco y un quinceavo de segundo para atravesar un segundo de arco[40]. Se dijo antes que la longitud de Nueva York es 73°59'39"O. Su diferencia horaria con Greenwich se calculará así:

73°	73×4 min = 4 horas 52 minutos
59'	59×4 seg = 3 minutos 56 segundos
39"	39÷15 seg = 2,6 segundos
Total	4 horas 55 minutos 58,6 segundos

Como Nueva York está al oeste de Greenwich, el sol llegará allí con retraso (pues va de este a oeste), es decir, cuando en Greenwich son las doce del mediodía, en Nueva York es aún por la mañana. La diferencia calculada deberá, pues, restarse, y en Nueva York serán las 7 horas, 4 minutos, 1,4 segundos de la mañana.

---

[40] Nótese que las palabras *minuto* y *segundo* se utilizan en esta frase en dos sentidos diferentes: las unidades de tiempo (1÷60 y 1÷3600 de hora) y las de ángulo (1÷60 y 1÷3600 de grado).

En la práctica, las diferencias horarias no se aplican a rajatabla. Si así se hiciera, cada uno de los puntos de un país que se encuentren sobre distinto meridiano tendría que seguir un horario propio y la vida se convertiría en un caos. Esto era posible hace algunos siglos, cuando cada pueblo y cada ciudad tenían su propia *hora local* (usualmente señalada por el reloj de la iglesia). Pero, a partir del siglo XIX, con la llegada del ferrocarril, fue preciso establecer una *hora oficial* válida para todas las localidades de un país entero o incluso de varios países. De lo contrario, una persona perdería el tren si se anunciara su llegada para las 16:30 (hora de la compañía del ferrocarril) y en ese momento la hora local de su pueblo señalaba las 16:15.

En teoría, la distribución de los husos horarios debería ser muy sencilla. La superficie de la Tierra se dividiría en 24 regiones con un ancho de 15° de longitud geográfica, a cada una de las cuales le correspondería una hora diferente y exacta. Sin embargo, esto no ocurre por una serie de causas:

En primer lugar, cada país suele fijar una hora oficial única, aplicable al país entero, ignorando las pequeñas diferencias debidas a la longitud geográfica y el hecho de que parte del país se encuentre en un huso horario y otra parte en otro. Sólo cuando un país es muy extenso en la dirección este-oeste, de modo que las diferencias horarias sean apreciables, se utilizan varias horas oficiales, aplicables a regiones distintas. Esto ocurre, por ejemplo, en los Estados Unidos continentales, que tienen cuatro zonas horarias diferentes, y en Rusia, el país más extenso del mundo, que tiene nada menos que once. También puede ocurrir que un país tenga dependencias alejadas del territorio principal, como islas o regiones disjuntas, en las que sea conveniente seguir un horario propio. Esto ocurre en los Estados Unidos con Alaska y las islas Hawaii, y en España con las islas Canarias, entre otros muchos ejemplos.

La situación se complica, porque algunos países deciden cambiar el horario a lo largo del año por razones prácticas. Por ejemplo, en verano se adelanta la hora para ahorrar energía. Países limítrofes pueden adoptar la hora de sus vecinos para facilitar los intercambios por ferrocarril, como han hecho desde el siglo XIX España y Francia, que siguen la hora de Europa central, cuando les correspondería la hora de Greenwich (que sí sigue Portugal). Por último, para complicar más las cosas, algunos países han adoptado horarios fraccionarios. Así, cuando en Greenwich son las 12 del mediodía, en la India son las 17:30; en Irán, las 15:30; en Corea, las 20:30; y en Liberia las 11:16 minutos de la mañana. La combinación de estas irregularidades nacionales ha hecho que el mapa de husos horarios sea casi tan intrincado y complejo como el mapa político del mundo. La tabla 2.1 presenta las horas oficiales de algunos países.

País	Hora oficial
Nueva Zelanda	0
Extremo oriental de Rusia	0 a 1
USA continental	4 a 7
Brasil	7 a 9
Argentina	9
Gran Bretaña y Portugal	12
España, Francia, Italia, Alemania	13
Grecia, Rumania y Bulgaria	14
Resto de Rusia	15 a 23
Irán	15:30
India	17:30
China	19 a 21
Australia	20 a 22
Japón	21

Tabla 2.1. Hora oficial de algunos países en horario de invierno, cuando en Greenwich son las doce del mediodía.

¿Se puede viajar en el tiempo dando la vuelta al mundo?

Además de estas diferencias horarias, la disparidad de longitudes tiene un efecto adicional, que muchos encuentran paradójico: como sabe todo aquél que haya leído la famosa novela de Jules Verne[41], al viajar alrededor del mundo se gana un día si se marcha hacia el

---

[41] *La vuelta al mundo en 80 días.*

este y se pierde si se va hacia el oeste. Recuerdo que, cuando yo era adolescente, se me ocurrió un método sensacional para viajar en el tiempo, basado en este efecto. Supongamos que se emprende un viaje de circunvalación mundial cuya duración sea exactamente igual a un día. Como al marchar hacia el este se gana un día, la duración real del viaje será cero, y llegaremos al punto de partida en el mismo momento de emprender la marcha. Del mismo modo, si se reduce la duración del viaje a medio día, regresaríamos medio día antes de salir: ¡el viaje en el tiempo sería, por tanto, posible!

La paradoja aparente se resuelve si nos damos cuenta de que el procedimiento contiene un abuso del lenguaje, pues mezcla indiscriminadamente dos acepciones distintas de la palabra *día* y aplica, a veces una, a veces la otra, como si fueran equivalentes. La primera acepción es: *un día es igual a 24 horas*; la segunda: *un día es igual al lapso de tiempo transcurrido entre dos salidas o dos puestas del sol*. Mientras no nos movamos del mismo lugar o nos limitemos a viajar de norte a sur, las dos definiciones son equivalentes, en promedio. Pero apenas nos desplacemos hacia el este o el oeste, diferirán de forma más o menos considerable. Veamos cómo:

Un viajero que desee dar la vuelta al mundo y se desplace continuamente hacia el este, irá en sentido contrario a la marcha aparente del sol a través del cielo, saldrá a su encuentro, por así decirlo, y el intervalo entre dos amaneceres consecutivos (acepción 2) será menor que 24 horas (acepción 1). Por el contrario, supongamos que parte al alba y que viaja hacia el oeste. Cuando el sol haya dado una vuelta completa y esté de nuevo amaneciendo en el punto de partida (24 horas más tarde), el viajero se habrá desplazado cierta distancia hacia el oeste, por lo que, para él, todavía será de noche. El sol tiene que avanzar un poco más para alcanzarle. Es decir, el día (acepción 2) del viajero será mayor que 24 horas (acepción 1).

Supongamos que se da la vuelta al mundo en un sólo día (acepción 1), viajando hacia el este. En este caso, recorreremos la superficie de la Tierra a la misma velocidad que el sol, pero en sentido contrario. Por lo tanto, si se emprende la marcha al alba, cuando lleguemos a las antípodas (doce horas después) nos encontraremos de nuevo con el sol, que ha recorrido la misma distancia por el otro lado de la Tierra. Estará amaneciendo de nuevo y nuestro día (acepción 2) habrá durado exactamente doce horas. Doce horas más tarde habremos recorrido la otra mitad del camino y regresaremos al punto de partida, encontrándonos de nuevo con el sol: será nuestro segundo amanecer durante el viaje. Hemos tardado, pues, dos días (acepción 2), pero al mismo tiempo hemos tardado solamente un día (acepción 1), pues sólo han transcurrido 24 horas. Esta diferencia es, precisamente, el día que hemos ganado. Pero si el viajero no hace caso de los amaneceres, sino tan sólo del reloj, vería que no existe paradoja alguna y que el viaje se ha realizado en 24 horas justas.

Cuando Phileas Fogg dio la vuelta al mundo en ochenta días, cada uno de esos días (acepción 2) fue algo más corto de lo normal: exactamente 23 horas y 42 minutos en media, pues al desplazarse hacia el este iba ganándole al sol 18 minutos al día (acepción 2). Pero si medimos el tiempo en horas, el viaje se había realizado en 1.896 horas, que corresponden a 79 días (acepción 1), que naturalmente eran los que habían transcurrido en Londres durante su ausencia.

En definitiva: el día que se gana o se pierde al dar la vuelta al mundo no es un día de 24 horas (acepción 1), sino uno más corto o más largo (acepción 2). La pérdida o ganancia no es más que la conversión de la duración del viaje, medida en días (acepción 2) a su cifra equivalente medida en días (acepción 1). Sea cual sea la velocidad de la marcha, al dar la vuelta al mundo de oeste a este veremos al sol hacer un círculo completo por el cielo al menos una vez. Por lo tanto, la duración será siempre mayor que un día (acepción 2), y el viaje en el tiempo es imposible, al menos por este medio.

Hemos dicho que al marchar hacia el este se gana un día, mientras que hacia el oeste se pierde. Pues bien: existe una *línea internacional de cambio de fecha* donde se aplica esta pérdida o ganancia, como consecuencia de un convenio internacional, aceptado en la práctica por todos los países del mundo. La línea coincide aproximadamente con el meridiano 180°, que pasa por las antípodas de Greenwich y cruza el océano Pacífico de norte a sur, serpenteando para evitar dejar en fechas diferentes partes próximas del mismo país. Así, se desplaza hacia el este en el estrecho de Bering, pues en caso contrario separaría del resto de Rusia la extremidad oriental de Siberia, y un poco más al sur se traslada hacia el oeste, para dejar a las islas Aleutianas en la misma fecha que los Estados Unidos, país al que pertenecen.

Cada vez que un viajero cruza la línea internacional de cambio de fecha de oeste a este, debe restar un día a la fecha en que se encontraba hasta ese momento. Así, si justo antes de cruzar la línea eran las cuatro de la tarde del martes 28 de agosto, inmediatamente después pasarán a ser las cuatro de la tarde del lunes 27 de agosto. Sucede lo contrario si se atraviesa la línea de este a oeste. De este modo, quien a lo largo de su viaje va ajustando su reloj a los cambios de hora de los países por los que va pasando, terminará la vuelta al mundo en la fecha y la hora adecuadas para el punto de llegada, pues ya ha hecho por el camino la corrección correspondiente, exactamente igual que si durante el viaje ignora los horarios locales y deja que su reloj marque siempre la fecha y la hora del punto de partida. En este caso, en lugar de aplicar la acepción 2 del día, habría seguido la acepción 1, con la que no son necesarias las correcciones indicadas.

Efectos de la latitud

Se ha visto que la longitud influye en la medida del tiempo haciendo que, en cada momento, los relojes de distintos puntos de la Tierra, situados en una línea que va de este a oeste, no marquen la misma hora. La latitud tiene también un efecto, aunque más sutil: si nos trasladamos de norte a sur, lo que se modifica no es la hora, sino la duración de los periodos de luz y de oscuridad que llamamos *día*[42] y *noche*, debido a que el eje de la Tierra no coincide con la perpendicular al plano de su órbita (la eclíptica), pues forma con ella un ángulo de 23° 27', aproximadamente.

En el ecuador (0° de latitud) el día y la noche son siempre iguales a 12 horas y el sol cae perpendicularmente sobre el suelo dos veces al año: los días de los equinoccios (21 de marzo y 23 de septiembre). En el resto del mundo, noche y día sólo son iguales en los equinoccios, pero la perpendicularidad de los rayos solares sigue otras reglas. A medida que la latitud asciende hacia el norte, hasta un valor igual a la inclinación del eje de la Tierra (23° 27'), sigue habiendo dos días al año en que los rayos del sol caen verticalmente, pero éstos se van alejando de los equinoccios y acercándose al solsticio de verano (22 de junio). A una latitud exactamente igual a 23° 27', los dos días se reducen a uno: el solsticio. Otro tanto sucede al aumentar la latitud hacia el sur, pero en este caso los dos días en que el sol pasa verticalmente sobre cada punto convergen hacia el solsticio de invierno (22 de diciembre). Los dos paralelos situados a 23° 27' N y S se llaman *trópicos*[43]. El del norte se denomina *trópico de Cáncer*, porque en el siglo I antes de Cristo, cuando se le dio este nombre, el sol entraba en la constelación de Cáncer el día del solsticio de verano. El del sur se llama *trópico de Capricornio*, porque por entonces el sol entraba en la constelación de Capricornio el día del solsticio de invierno[44].

---

[42] La ambigüedad del lenguaje es exasperante: ésta es la tercera acepción de la palabra *día* que encontramos en este capítulo. Véase también la nota 4 del capítulo primero.

[43] Del griego *tropos*, que significa dirección, vuelta.

El tiempo y el hombre

Más al norte del trópico de Cáncer y más al sur del de Capricornio, el sol no cae perpendicularmente ningún día del año. Sin embargo, en el hemisferio norte, a medida que crece la latitud, la duración del día se va alargando entre el equinoccio de primavera y el de otoño, y se va acortando en la otra mitad del año. Lo contrario sucede en el hemisferio sur. El día más largo del año y la noche más corta coinciden siempre con el solsticio de verano en el norte, con el de invierno en el sur. Al solsticio opuesto le corresponde el día más corto y la noche más larga.

Cuando se alcanza una latitud de 66° 33' N (90° menos 23° 27'), sucede un fenómeno curioso: en el solsticio de verano (22 de junio) la duración del día llega a 24 horas y la de la noche se reduce a cero. Es decir: el sol está durante todo el día por encima del horizonte (sol de medianoche). En cambio, el día del solsticio de invierno (22 de diciembre) la noche dura 24 horas y la duración del día se reduce a cero. Lo contrario sucede en el paralelo correspondiente de latitud sur. Estos dos paralelos se denominan *círculo polar ártico* y *círculo polar antártico*, respectivamente.

Más al norte del paralelo 66° 33' N, el número de días en que el sol permanece constantemente por encima del horizonte se va extendiendo a ambos lados del solsticio de verano, y otro tanto ocurre con los días de noche permanente alrededor del solsticio de invierno. Al llegar al polo norte (latitud 90° N), la expansión avanza hasta alcanzar la fecha del equinoccio. Se tiene entonces la siguiente situación: el 21 de marzo hay doce horas de día y doce de

---

[44] Se hablará más de esto en el capítulo 4.

noche (por tratarse del equinoccio). Desde el 22 de marzo al 22 de septiembre el sol no se oculta nunca. El 23 de septiembre hay otra vez doce horas de día y doce de noche. Por último, del 24 de septiembre al 20 de marzo el sol no surge por encima del horizonte. Hay, pues, seis meses de día, y seis de noche. En el polo sur sucede exactamente lo contrario: la noche permanente dura de marzo a septiembre, el día permanente de septiembre a marzo.

La definición del segundo

Cada vez es más necesario definir con gran precisión las unidades de medida del tiempo. En la actualidad existe un Sistema Internacional de unidades de medida, que fue adoptado en la X conferencia general de pesas y medidas (C.G.P.M.) de 1954, y refinado en la XI C.G.P.M. de 1960. Este sistema define con gran exactitud las siete unidades básicas o fundamentales, de las que derivan todas las demás. Dichas siete unidades aparecen en la tabla 2.2.

Magnitud	Unidad
Longitud	metro
Masa	kilogramo
Tiempo	segundo
Intensidad de corriente	amperio
Temperatura	Kelvin
Cantidad de sustancia	mol
Intensidad luminosa	candela

Tabla 2.2. Unidades fundamentales del Sistema Internacional.

Al principio, la unidad internacional de tiempo (el segundo) se definió como *1/86.400 del día solar medio*, en función del tiempo que tarda la Tierra en dar una vuelta completa alrededor de su eje. Pronto se comprobó que la utilización de este patrón de medida era más difícil de lo que se pensara, pues la Tierra no gira sobre su eje con velocidad constante.

En primer lugar, nuestro planeta no es una esfera perfecta, con la masa distribuida con regularidad: es un cuerpo oblongo y movedizo, con una corteza formada por grandes placas que se desplazan entre sí. A medida que la distribución de masas cambia, la velocidad de rotación se altera ligeramente. Nuestros relojes atómicos son tan exactos, que somos capaces de detectar hasta los cambios mínimos producidos por la acumulación de nieve en las montañas, que alterna entre el hemisferio norte y el hemisferio sur al ritmo de las estaciones.

En segundo lugar, nuestro planeta no es un astro aislado en el espacio. La atracción del sol y de la luna, que produce las mareas, interacciona con la rotación de la Tierra y da lugar a una fricción enorme que tiende a retardarla, de la misma forma que un vehículo se detiene por la fricción de las ruedas contra el asfalto. A consecuencia de esta fricción, la longitud del día crece constantemente a razón de 44 milmillonésimas de segundo al día (16 millonésimas de segundo por año, o un segundo cada 62.500 años).

Debido a estas irregularidades, la XI C.G.P.M. de 1960 modificó la definición del segundo, para hacerla más exacta. La nueva definición se basaba también en un periodo astronómico, pero en esta ocasión se eligió uno más regular que la duración del día: el año trópico.

Como se verá más tarde, el año trópico es el tiempo transcurrido entre dos pasos sucesivos del sol por un equinoccio o solsticio. Es, por lo tanto, el año de las estaciones, el *año solar* del calendario. El movimiento de la Tierra alrededor del sol es más regular que su rotación alrededor de su eje, por lo que este ciclo proporciona un patrón más exacto para medir el tiempo. Por eso se definió el segundo como 1/31.556.925,9747 del año trópico. Con otras palabras: un año trópico tiene, por definición, algo menos de treinta y un millones, quinientos cincuenta y seis mil novecientos veintiséis segundos[45].

---

[45] Dividan por 86.400 y obtendrán la duración del año en días.

Tampoco esta definición se mantuvo mucho tiempo. El año trópico no es fácil de medir en el laboratorio. Le ocurre lo mismo que a la antigua definición del metro como *diezmillonésima parte del cuadrante del meridiano terrestre que pasa por París*. La tendencia actual se dirige hacia la definición de las unidades fundamentales de forma tan precisa, que reduzca al mínimo los errores en la medida. La industria y la ciencia actuales exigen grados de precisión elevadísimos, tanto en lo que respecta a longitudes como a tiempos. Si la unidad de medida es inexacta, los errores se transmiten a todas las mediciones realizadas con ella. Por eso, la XIII C.G.P.M. de 1967 acordó sustituir la definición del segundo, establecida siete años antes, por la siguiente:

El segundo es la duración de 9.192.631.770 periodos de la radiación correspondiente a la transición entre los dos niveles hiperfinos del estado fundamental del átomo de cesio-133.

Del mismo modo que se puede utilizar cualquier fenómeno periódico para medir el tiempo, también es posible definir la unidad de medida en función de él. Como vimos antes, el reloj atómico funciona contando los periodos de la luz emitida por los átomos de cesio y es el instrumento más preciso de que disponemos para medir el tiempo. No es extraño, por ello, que se haya convertido en el patrón universal de medida de esta magnitud.

Múltiplos del segundo

Además de definir las unidades de las distintas magnitudes físicas, el Sistema Internacional utiliza el sistema métrico decimal para establecer sus múltiplos y submúltiplos, que se nombran anteponiendo al nombre de cada unidad fundamental ciertos prefijos establecidos, que representan potencias de diez y cuyos nombres aparecen en la tabla 2.3.

Los submúltiplos sí se aplican al segundo, pero para los múltiplos esta unidad es una excepción: las unidades de tiempo de uso corriente están demasiado extendidas para que sea posible cambiarlas. Muchas de estas unidades están firmemente establecidas en nuestra civilización desde hace siglos. Además, algunas corresponden a fenómenos naturales que nos afectan profundamente, como la alternancia del día y de la noche o las estaciones del año, y es conveniente disponer de unidades basadas en estos fenómenos. Por ello, el Comité Internacional de Pesas y Medidas reconoce las unidades clásicas y autoriza su utilización. Los múltiplos del segundo aparecen en la tabla 2.4.

Prefijo	Abreviatura	Múltiplo o submúltiplo
yocto	y	10^{-24}=0,000000000000000000000001
zepto	z	10^{-21}=0,000000000000000000001
atto	a	10^{-18}=0,000000000000000001
femto	f	10^{-15}=0,000000000000001
pico	p	10^{-12}=0,000000000001
nano	n	10^{-9}=0,000000001
micro	μ	10^{-6}=0,000001
mili	m	10^{-3}=0,001
centi	c	10^{-2}=0,01
deci	d	10^{-1}=0,1
deca	da	10^{1}=10
hecto	h	10^{2}=100
kilo	k	10^{3}=1.000
mega	M	10^{6}=1.000.000
giga	G	10^{9}=1.000.000.000
tera	T	10^{12}=1.000.000.000.000
peta	P	10^{15}=1.000.000.000.000.000
exa	E	10^{18}=1.000.000.000.000.000.000
zetta	Z	10^{21}=1.000.000.000.000.000.000.000
yotta	Y	10^{24}=1.000.000.000.000.000.000.000.000

Tabla 2.3. Múltiplos y submúltiplos del Sistema Internacional.

Múltiplos del segundo	Duración	Duración (segundos)
minuto	hora/60 = 60 segundos	60
hora lunar	día lunar/24	3.478,0925
hora sidérea	día sidéreo/24	3.590,169
hora solar media (hora)	día/24 = 60 minutos	3.600
día lunar	23 horas 11 m 14,22 s.	83.474,22
día sidéreo	23 horas 56 m 4,06 s	86.164,06
día solar medio (día)	24 horas	86.400
semana	7 días	604.800
mes sidéreo	27 días 7 h 43 m 11,42 s	2.360.591,42
mes anomalístico	27 días 13 h 18 m 33,12 s	2.380.713,12
mes sinódico (mes)	29 d 12 h 44 m 2,8032 s	2.551.442,8032
año trópico (año)	365 d 5 h 48 m 45,97632 s	31.556.925,97632
año sidéreo	365 días 6 h 9 m 9,50 s	31.558.149,50
año anomalístico	365 días 6 h 13 m 53,01 s	31.558.433,01
siglo	100 años	3.155.692.597,63
milenio	1000 años	31.556.925.976,3
año cósmico	~220 millones de años	~7×10^{15}
eón	1000 millones de años	~$31,5569259763 \times 10^{15}$

Tabla 2.4. Múltiplos del segundo.

El primer múltiplo del segundo, el minuto, es herencia de la civilización mesopotámica, como se vio en el capítulo primero. Esta unidad no presenta ningún problema práctico, pues es arbitraria y no existen fenómenos naturales que nos fuercen a adoptarla.

El segundo grupo de múltiplos, la hora, presenta tres variantes, pero como todas se definen en función del tercer grupo de múltiplos, el día, las veremos con más detalle al hablar de éste. Mencionemos únicamente que, además de las tres citadas (lunar, sidérea y solar media), existen dos horas más: la hora solar real y la hora oficial (véase la tabla 2.5). De la primera hablamos al final de la sección sobre *La hora a través del espacio: latitud y longitud*, cuando se mencionó que el día de 24 horas es el día solar medio, pues el día real puede diferir de esa duración hasta un cuarto de hora, aproximadamente. Si dividimos entre 24 la duración de cada día solar real, obtendremos la hora solar real, que naturalmente no tiene 60 minutos más que unas pocas veces al año. En cuanto a la hora oficial, hablamos de ella en la sección sobre los *Husos horarios*, tiene la misma duración que la hora solar media y difiere de ella en un número fijo de minutos para cada punto de la superficie de la Tierra.

Tipo de hora	Duración días	Duración minutos	Duración segundos
Hora lunar	Día lunar / 24	57 min.58,0925 seg.	3.478,0925
Hora sidérea	Día sidéreo / 24	59 min.50,169 seg.	3.590,169
Hora solar media	Día solar / 24	60 minutos	3.600
Hora solar real	Variable	Variable	Variable
Hora oficial	Día solar / 24	60 minutos	3.600

Tabla 2.5. Distintos tipos de horas.

Hablemos del día. Aquí nos las vemos con un ciclo natural, el movimiento de rotación de la Tierra alrededor de su eje, al que sería conveniente ceñirse. Pero tenemos un problema: para definir el periodo de un objeto que se mueve, es preciso disponer de un punto de referencia, y los resultados serán diferentes dependiendo de cuál sea el punto que se escoja.

¿Cuándo se puede decir que la Tierra ha dado una vuelta completa alrededor de su eje? Supongamos que se toma como punto de referencia el sol. Una rotación completa sería el tiempo transcurrido entre dos pasos sucesivos del sol por el mismo meridiano. Pero también se puede tomar como referencia otro astro cualquiera, por ejemplo, la estrella Vega. Se diría entonces que un periodo de rotación es el tiempo transcurrido entre dos pasos sucesivos de la estrella por el mismo meridiano. Las dos medidas no dan el mismo resultado porque, además de girar sobre su eje, la Tierra se mueve alrededor del sol.

Obsérvese la figura 2.2. El punto marcado con una S es el sol, E representa una estrella situada sobre el plano de la eclíptica, y los puntos A, B y C corresponden a tres posiciones sucesivas de la Tierra en su movimiento alrededor del sol. El círculo sobre el que se encuentran estos puntos es la órbita de la Tierra y la línea que sobresale de la Tierra representa la posición del meridiano de referencia. En el punto A, tanto el sol como la estrella se encuentran sobre dicho meridiano. En el punto B, el movimiento de la Tierra alrededor de su eje le ha hecho dar una vuelta completa, de modo que la estrella se encuentra de nuevo sobre el mismo meridiano. Sin embargo, entre tanto la Tierra se ha desplazado en su órbita alrededor del sol, por lo que los tres astros ya no están alineados y el sol no ha llegado aún a situarse sobre el meridiano: se ha retrasado respecto de la estrella en su movimiento aparente a través del cielo. Es preciso esperar hasta que la Tierra llegue al punto C para que el sol se encuentre de nuevo sobre la vertical del meridiano de referencia elegido (el efecto está exagerado en el dibujo).

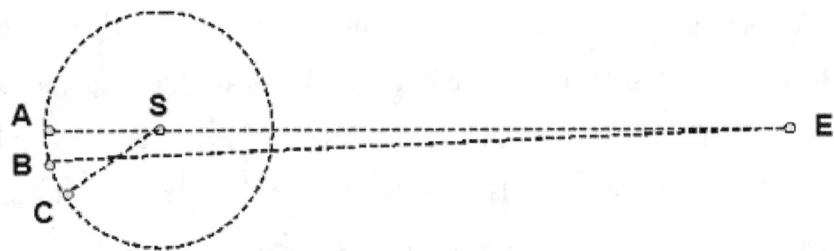

Figura 2.2. Día sidéreo y día solar.

En conclusión: si se mide el día como el tiempo que transcurre entre dos pasos consecutivos del sol por el mismo meridiano, se obtiene un periodo más largo que si se toma como referencia una estrella cualquiera[46]. Tenemos, por tanto, dos días diferentes: el solar y el sidéreo[47] (véase la tabla 2.6).

Tipo de día	Duración (horas)	Duración (min.)	Duración (seg.)
Día lunar	23 horas 11 m 14,22 s	1391 m 14,22 s	83.474,22
Día sidéreo	23 horas 56 m 4,06 s	1436 m 4,06 s	86.164,06
Día solar medio	24 horas	1.440 minutos	86.400

Tabla 2.6. Distintos tipos de días.

---

[46] Desde nuestro punto de vista, las estrellas están tan lejos, que pueden considerarse situadas en el infinito.
[47] Del latín *sidereus*, relativo a los astros.

Como ya se ha dicho varias veces, la cosa se complica, porque el día solar no es constante. La órbita de la Tierra no es exactamente circular, sino un poco elíptica, lo que significa que el movimiento de traslación es, a veces más rápido, a veces más lento, y la diferencia entre el día sidéreo y el solar va cambiando a lo largo del año. El día solar más largo dura aproximadamente media hora más que el más corto. Lo que se hace es hallar la media a lo largo de todo el año, ignorando las diferencias diarias. Si se hace esto, se obtiene un *día solar medio* igual a 24 horas. En cambio, el *día sidéreo* es algo más corto: una diferencia de casi cuatro minutos.

También podríamos tomar la luna como astro de referencia y considerar dos pasos sucesivos de nuestro satélite por el mismo meridiano. Cada día, la luna se adelanta 48 minutos y 45,78 segundos respecto del sol (ésta es la diferencia de hora entre dos mareas altas en días consecutivos). Por consiguiente, el *día lunar* dura 24 horas menos ese tiempo (véase la tabla 2.6).

El día *natural*, desde nuestro punto de vista, es el solar, pues es el sol el que nos proporciona la alternancia de luz y oscuridad al combinarse con la rotación de la Tierra alrededor de su eje. De hecho, como se vio en el capítulo primero, el día solar medio es la verdadera base de nuestra medida del tiempo. Su división en veinticuatro horas, de la hora en sesenta minutos y del minuto en sesenta segundos, fue lo que nos proporcionó las restantes unidades, de las que en el siglo XX se decidió considerar al segundo como básica y fundamental. Por eso precisamente la X

Conferencia General de Pesas y Medidas (C.G.P.M.) de 1954 definió al segundo como 1/86.400 del día solar medio.

Hemos visto que la rotación de la Tierra se va retardando poco a poco. Por ello, la duración del día solar (y del día sidéreo) aumenta a razón de un segundo cada 62.500 años, 44 milmillonésimas de segundo por día. Esto no parece mucho, pero como cada día sucesivo introduce un pequeño error, el efecto acumulativo se nota muy pronto. La tabla 2.7 indica por qué: supongamos que un día determinado, que llamaremos D, dura exactamente 24 horas. Cada día sucesivo se alargará en 44 milmillonésimas de segundo, por lo que el día D+1000 durará 24 horas más 44 millonésimas de segundo (mil veces el alargamiento diario). En cambio, para calcular el comienzo de cada día tenemos que sumar los retrasos de todos los días anteriores. Esta suma crece mucho más deprisa: al cabo de mil días, alcanzará un valor de unas dos centésimas de segundo. En general, el día D+N llevará un retraso acumulado igual a N×(N-1)/2 veces 44 milmillonésimas de segundo. Es fácil calcular que el retraso acumulado llegará a ser de un segundo 6.743 días (unos dieciocho años y medio) después del día D, aunque dicho día tendrá una duración que sólo rebasa las 24 horas en unas tres diezmilésimas de segundo. Este sería, pues, el tiempo que habría de transcurrir entre dos ajustes de *segundo bisiesto* en el reloj atómico, si no interviniesen otros efectos.

Día	Retraso inicial	Duración
D	0	24 horas
D+1	0	24 horas + 0,000000044 seg.
D+2	0,000000044 seg.	24 horas + 0,000000088 seg.
D+3	0,000000132 seg.	24 horas + 0,000000132 seg.
D+4	0,000000264 seg.	24 horas + 0,000000176 seg.
D+5	0,000000440 seg.	24 horas + 0,000000220 seg.
...	...	...
D+1000	0,021978000 seg.	24 horas + 0,000044000 seg.

Tabla 2.7. Efecto del alargamiento del día en el cálculo de la hora.

El día civil u oficial coincide con el día solar medio. En cuanto al instante de su comienzo, lo más natural era elegir el alba o el ocaso, y así se hizo en algunas civilizaciones antiguas, pero la inseguridad de estos momentos (el sol sale y se pone a distintas horas, según las estaciones) obligó a elegir otro punto de partida. Había dos especialmente útiles: el instante en que el sol pasa por el meridiano en el día del equinoccio de primavera (mediodía) y el momento en que pasa bajo nuestros pies (medianoche). Por razones de conveniencia práctica (para no separar una jornada de trabajo en dos días diferentes) se eligió este último.

Pasemos al cuarto múltiplo del segundo: la semana. A pesar de su origen lunar, se trata de otra unidad arbitraria que, en principio, no tiene que ceñirse a ningún ciclo natural. Es igual a siete días solares medios, o 168 horas, o 10.080 minutos, o 604.800 segundos.

El quinto grupo de múltiplos (el mes) presenta más problemas, porque de nuevo corresponde a un ciclo natural: el movimiento de la luna alrededor de la Tierra. Como sabemos, vista desde la Tierra, la luna no gira alrededor de su eje, puesto que siempre nos presenta la misma cara. Sin embargo, si tomamos otro astro como punto de referencia (por ejemplo, el sol), sí se produce una rotación. Un observador situado en el sol vería sucesivamente todos los puntos de la superficie de la luna y considerará que ésta rota sobre sí misma. Observará también que su periodo de rotación coincide con el de traslación alrededor de la Tierra, como debe ser, si ha de presentar siempre la misma cara hacia nuestro planeta.

Pero ¿cuánto tiempo tarda la luna en girar a nuestro alrededor? No es fácil dar respuesta a esta pregunta, pues de nuevo depende del punto de referencia elegido (véase la figura 2.3.). En el instante en que la Tierra se encuentra en el punto T1, la luna pasa por L1 y los dos astros están alineados con el sol (S). Es, por tanto, tiempo de luna llena. Supongamos que también hay una estrella en esa misma línea horizontal, tan lejos, que queda fuera del dibujo.

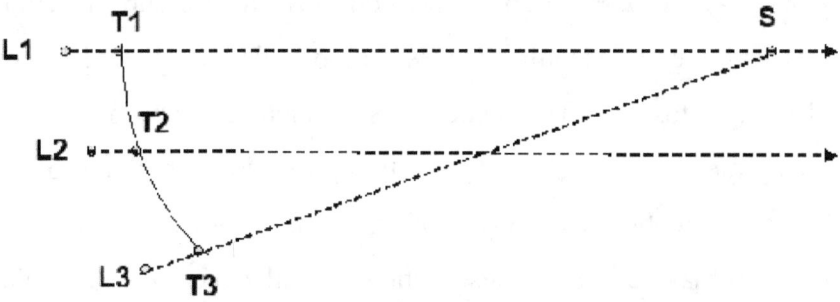

Figura 2.3. Mes sidéreo y mes solar.

La luna gira alrededor de la Tierra hasta dar una vuelta completa y pasar por el punto L2, pero por entonces la Tierra se ha desplazado en su movimiento alrededor del sol hasta el punto T2. En ese momento, la luna, la Tierra y la estrella de referencia están alineadas por segunda vez (la estrella está tan lejos, que la recta que la une con la Tierra y la luna es prácticamente paralela a la anterior, a pesar del desplazamiento de los dos astros). Sin embargo, como se advierte en la figura, la Tierra, la luna y el sol no están alineados en ese momento. Hay que esperar algún tiempo, hasta que los dos primeros astros alcancen los puntos L3 y T3, para que la línea que los une pase también por el sol y vuelva a haber luna llena. Dicha línea no es horizontal y la estrella de referencia se encuentra desviada.

Si medimos la rotación de la luna alrededor de la Tierra como el tiempo transcurrido entre dos alineaciones sucesivas de nuestro satélite con la misma estrella (puntos L1-L2), obtendremos un periodo de algo más de 27 días solares medios (véase la tabla 2.8). Este es el *mes sidéreo*, que coincide con el *día sidéreo lunar*. Si, por el contrario, medimos el periodo de la luna como el tiempo trascurrido entre dos alineaciones sucesivas de nuestro satélite con el sol (puntos L1-L3), obtendremos un ciclo de poco más de 29 días y medio, el *mes solar* (por estar en relación con el sol) o *mes sinódico*[48], debido a las proclamaciones solemnes de su principio que en las civilizaciones antiguas realizaban los consejos

---

[48] Del griego *synodos*, reunión, asamblea, concilio.

sacerdotales. Porque el mes solar es, naturalmente, el ciclo de las fases de la luna, el que siguen muchos tipos de calendario.

Tipo de mes	Duración (días, horas, min, seg)	Duración (días)
Mes sidéreo	27 días 7 horas 43 m 11,42 s	27,32166
Mes anomalístico	27 días 13 horas 18 m 33,12 s	27,55455
Mes sinódico	29 días 12 horas 44 m 2,8032 s	29,530588

Tabla 2.8. Distintos tipos de meses.

La duración del mes sinódico coincide también con la del *día solar medio* en la superficie de la luna. Esto es consecuencia de que la posición de nuestro satélite con respecto a la Tierra está fija (nos presenta siempre la misma cara). Así pues, los periodos de luz y oscuridad duran en la luna algo más de dos semanas cada uno.

Existe otro ciclo relacionado con el movimiento de la luna, que depende de otro punto de referencia: el *mes anomalístico*, el tiempo trascurrido entre dos pasos sucesivos de la luna por el punto de su órbita más próximo a la Tierra (el *perigeo*[49]). La órbita de la luna se va desplazando alrededor de la Tierra con un periodo de unos nueve años, por lo que el perigeo cambia de posición ligeramente de mes a mes y la luna se retrasa un poco en alcanzarlo respecto al mes sidéreo.

Y llegamos al sexto grupo de múltiplos, el año. De nuevo nos enfrentamos con un ciclo natural, el movimiento de la Tierra

---

[49] Del griego *perí*, cerca de, y *ge*, la Tierra.

alrededor del sol, y de nuevo tenemos que vérnoslas con varios tipos de años, que difieren ligeramente entre sí (véase la tabla 2.9).

Tipo de año	Duración (días, horas, min, seg)	Duración (días)
Año trópico	365 días 5 horas 48 m 45,97632 s	365,2421988
Año sidéreo	365 días 6 horas 9 m 9.50 s	365,25636
Año anomalístico	365 días 6 horas 13 m 53,01 s	365,25964134

Tabla 2.9. Distintos tipos de años.

El *año sidéreo* es el tiempo transcurrido entre dos alineaciones sucesivas del sol y de la Tierra con la misma estrella. El *año trópico* es el tiempo que separa dos pasos sucesivos del sol por el punto del equinoccio (o por el del solsticio, llamado también *punto trópico*, de ahí el nombre de este tipo de año). Como los equinoccios se desplazan lentamente respecto a las estrellas con un ciclo de unos 25780 años (*precesión* de los equinoccios, véase el capítulo 4), el año trópico resulta ser algo más corto que el sidéreo. El *año anomalístico* es el tiempo transcurrido entre dos pasos sucesivos de la Tierra por su *perihelio*[50], el punto de su órbita más próximo al sol. También la órbita elíptica de la Tierra va girando lentamente sobre sí misma, lo que provoca diferencias con los tipos de años anteriores. El año civil es el de las estaciones, el que deja fija la posición de los equinoccios, por lo que coincide con el año trópico. Por esta razón, se eligió la duración del año trópico como patrón de medida del tiempo entre 1960 y 1967.

---

[50] Del griego *perí*, cerca de, y *helios*, el sol.

El tiempo y el hombre

Los siguientes múltiplos de uso general de la unidad fundamental no corresponden a ciclos cósmicos visibles. Se utilizan múltiplos sencillos obtenidos multiplicando el año por potencias de diez adecuadas. Así, el *siglo* es igual a cien años; el *milenio*, a mil años; el *eón*, a mil millones de años[51].

Aún existe otro ciclo natural, pero se utiliza muy poco. Se trata del periodo de revolución del sistema solar alrededor del centro de la galaxia. Este ciclo se denomina *año cósmico*[52] o *año galáctico* y viene a corresponder a unos 220 millones de años trópicos.

Submúltiplos del segundo

En cuanto a los submúltiplos del segundo, se utilizan mucho en la física de las partículas elementales, la química nuclear o la tecnología electrónica, donde a menudo hay que controlar fenómenos de duración reducidísima (véase la tabla 2.10). En el campo de lo extremadamente rápido, se usan las unidades submúltiplos del sistema métrico decimal, que se forman añadiendo un prefijo al nombre de la unidad fundamental. La Tabla 2.3 indica cuáles son estos prefijos y por qué potencia de diez hay que multiplicar la duración del segundo para obtenerlos.

---

[51] Como se verá en el capítulo siguiente, la palabra *eón* se utiliza también para nombrar algunas de las grandes épocas geológicas en que se divide la historia de la Tierra, con duración aproximada, pero no exacta, de mil o algunos miles de millones de años.

[52] El nombre *año cósmico* tiene otras acepciones: Carl Sagan propuso dar ese nombre a la edad del universo (unos 13.500 millones de años); los astrólogos suelen aplicar el término al ciclo de precesión de los equinoccios (véase el capítulo 4).

Cronometraje de las competiciones atléticas	decisegundos/centisegundos
Vida media del elemento 108	milisegundos
Cálculos realizados por una computadora	microsegundos/nanosegundos
Tiempos de conmutación de circuitos	picosegundos
Vida media de la partícula λ	100 picosegundos
Vida media de la partícula τ	331 femtosegundos
Vida media del mesón π^0	100 attosegundos
Vida media de la partícula ψ	10 zeptosegundos
Vida media de la partícula ϕ	100 yoctosegundos

Tabla 2.10. Uso de los submúltiplos del segundo en física, química y electrónica.

El *decisegundo* y el *centisegundo* (décima y centésima de segundo) son unidades lo bastante grandes para poder medirlas con un reloj ordinario. La vida media[53] de los elementos radiactivos más inestables y de las partículas elementales se mide también en fracciones de segundo. Muchos de los cálculos realizados por una computadora tienen lugar en *microsegundos* o en *nanosegundos* (millonésimas y milmillonésimas de segundo) y los tiempos de conmutación de algunos de los elementos semiconductores de que se componen se reducen a *picosegundos* (billonésimas de segundo). Pero aún se habla de tiempos más breves. Los cosmólogos que estudian el origen del universo en una gran explosión (*big bang* en inglés) son capaces de reconstruir lo que ocurrió durante las primeras fracciones de segundo después del instante inicial. Por ejemplo, se afirma que el desequilibrio que hoy

---

[53] Véase el capítulo 3.

constatamos en el cosmos entre materia y antimateria se originó en sólo 10^{-35} segundos, y se cree que las partículas elementales pudieron aparecer 10^{-43} segundos después del momento cero. Este es, actualmente, el intervalo de tiempo más pequeño que conoce la ciencia moderna. Se llama *tiempo de Planck*, en honor del físico alemán Max Planck, creador de la teoría de los cuantos. No existe una teoría física que se aplique a instantes anteriores al tiempo de Planck, porque los efectos relativistas y cuánticos se superponen y aún no sabemos cómo combinar ambas teorías. Es difícil expresar la duración del tiempo de Planck en términos de uso corriente: *la dieztrillonésima parte de la cuatrillonésima parte de un segundo*. Una duración inimaginablemente pequeña.

El reloj de la catedral de Estrasburgo

Entre los instrumentos de medida del tiempo a los que se ha hecho referencia en este capítulo, uno de los más notables es el reloj de la catedral de Estrasburgo, que contiene en su interior una verdadera computadora mecánica, una maravilla compuesta exclusivamente por engranajes y ruedas dentadas, cumbre de la instrumentación de la época, que podría considerarse comparable a la máquina analítica de Charles Babbage, excepto por el hecho de no ser un dispositivo de cálculo programable, sino una máquina de cómputo construida para el propósito específico de calcular la hora[54].

---

[54] Pueden verse más detalles en el artículo que ha servido de base para esta sección: Brian Hayes, *Clock of ages*, The Sciences, Nov.-Dec. 1999.

No se trata de un reloj de torre, como los de otras muchas catedrales, pues se encuentra dentro del edificio. Tiene detrás de sí una larga historia que se remonta hasta el siglo XIV, aunque fue totalmente reconstruido en el XVI. A finales del siglo XVIII, dejó de funcionar. La leyenda dice que, a principios del siglo XIX, un celador que estaba enseñando la catedral a un grupo de visitantes mencionó que el reloj llevaba mucho tiempo estropeado, ante lo cual, un niño que formaba parte del grupo exclamó: *¡Yo lo arreglaré!* Cuarenta años después, lo cumplió. Ese niño sería Jean-Baptiste Schwilgué, quien remodeló el reloj hacia 1840.

El cabildo de la catedral no permitió a Schwilgué modificar el aspecto externo del reloj, pero le dejó reconstruir por completo los mecanismos. Utilizando ruedas dentadas, Schwilgué construyó un dispositivo que proporciona simultáneamente cinco tipos de horas diferentes: la hora solar media en Estrasburgo, la oficial, la solar local, la sidérea y la lunar. La primera es un reloj ordinario movido por un péndulo y ajustado a mano; las demás se calculan a partir de ella. La hora oficial es fácil, pues en Estrasburgo difiere en media hora de la solar media. La local es más compleja, porque tiene en cuenta las variaciones de la duración del día a lo largo del año y lo consigue por medio de engranajes elípticos. Para calcular la hora sidérea con exactitud a partir de la hora solar, habría sido preciso utilizar ruedas con millones de dientes, lo que no es técnicamente factible. Schwilgué dio con una aproximación de la relación entre ambas que sólo comete un error menor que un segundo por siglo:

$1 + \dfrac{450}{611} \times \dfrac{1}{269}$. Combinando ruedas dentadas con distinto número de dientes es fácil multiplicar por fracciones como las indicadas. Sumar 1 al resultado equivale a avanzar un diente más.

Además de la hora, el reloj proporciona información sobre el día del año, teniendo en cuenta el calendario gregoriano. Una figura de Apolo señala la fecha sobre una banda circular deslizante, que cada día avanza una posición y se divide en 365 posiciones, marcadas con los días del año. En los años bisiestos, parte de la banda se desliza una posición, tapa un espacio vacío situado entre el 31 de diciembre y el 1 de enero (que lleva la inscripción *principio del año ordinario*) y descubre otro espacio, usualmente tapado por el 28 de febrero, marcado con el 29 del mismo mes. Este mecanismo está dirigido por una rueda dentada de 100 posiciones, de las que 24 poseen dientes, separados entre sí por tres espacios sin dientes, excepto dos, que están separados por siete espacios. Los espacios sin dientes corresponden a los años ordinarios de 365 días, los dientes mueven el mecanismo que provoca la aparición del 29 de febrero. Los siete espacios seguidos corresponden a los años finales de siglo, que según el calendario gregoriano no deben ser bisiestos, aunque sí lo habrían sido con el juliano. La rueda avanza una posición cada principio de año, por lo que da una vuelta por siglo. Por último, hay otra rueda que gira una vez cada cuatrocientos años y que provoca la aparición de un diente adicional en la rueda anterior, en el centro de la zona con siete espacios seguidos, con lo que los años múltiplos de 400 sí son bisiestos, completando así el tratamiento correcto de todos los años de nuestro calendario.

Por último, el reloj contiene mecanismos complejos para calcular la fecha de la Pascua de Resurrección, cuyo algoritmo es bastante complicado, como se dijo en el capítulo 1. No se sabe muy bien cómo funciona esta parte del mecanismo, pero el caso es que actúa correctamente y provoca el deslizamiento de una sección asociada a la banda de los días del año, que lleva marcadas las fiestas movibles de la Iglesia.

El reloj está construido para funcionar durante muchos siglos. Tras hacerlo durante 150 años, ha pasado con éxito la prueba del año 2000. Todos los cálculos que realiza seguirán siendo válidos hasta el año 9999, límite fijado porque la cuenta de años tiene sólo cuatro cifras. Schwilgué propuso que la vida de su reloj podría alargarse más allá del año 10000, con el subterfugio de escribir a mano un 1 delante de las cifras del año. Pero, si se hiciese esto, el cálculo de la fecha de Pascua dejaría de ser correcto, pues esta fecha no varía de acuerdo con un ciclo de 10000 años[55].

---

[55] El fin de la vida práctica del reloj puede llegar antes, a menos que se realicen ajustes adecuados, si se introduce alguna modificación en el calendario gregoriano para corregir su error actual, que es de tres días cada diez mil años.

Capítulo 3. Milenios, millones de años y eones: el pasado remoto

La datación de los sucesos históricos

Una de las preocupaciones fundamentales del hombre civilizado es el estudio del pasado. El hombre primitivo vivía sobre todo en el presente y le preocupaba, como mucho, el futuro inmediato: la fecha de la próxima recolección o el momento en que debería trasladarse a un nuevo territorio. Cuando surgieron las grandes civilizaciones agrícolas y ganaderas de la primera generación, la predicción exacta del futuro se convirtió en una necesidad imperiosa. Para pronosticar mejor lo que iba a ocurrir, había que detectar los ciclos básicos de los fenómenos naturales, lo que suponía llevar un registro regular y preciso de los hechos pasados. Como es lógico, la acumulación de datos no se limitó a los movimientos de los astros o a la sucesión de las estaciones. El deseo de gloria es una tentación muy humana y los primeros reyes o emperadores no estaban exentos de él: insistieron en que también se tomara nota de sus hazañas guerreras y de sus actos de gobierno, en crónicas más o menos embellecidas. Así nació la historia.

Con el paso de los siglos, la fijación de la fecha en que tuvo lugar cada suceso pasado, natural o humano, llegó a convertirse en una verdadera ciencia: la cronología. Para fijar la fecha de un hecho histórico, suelen utilizarse técnicas como el análisis de textos, que permite datar los documentos originales o sus copias que han llegado hasta nuestros días. La fecha concreta de un suceso determinado puede fijarse dando el día, mes y año en que tuvo lugar. Así, por ejemplo, decimos que la segunda guerra mundial comenzó el día uno de septiembre de 1939. Con el día y el mes no hay problema: los meses más largos tienen treinta y un días y cada uno de los doce meses del año tiene su nombre. Pero ¿cómo numeramos los años?

Es evidente que hay que tomar un punto de partida y ponernos todos de acuerdo sobre él. Para fijar el origen de la cuenta de años se suele adoptar la fecha de cierto suceso, especialmente importante. El año en que dicho suceso tuvo lugar será el *año 1 después del suceso*; el siguiente pasará a ser el *año 2 después del suceso*; y así sucesivamente. No hay peligro de que se acaben los números, pues la serie de los enteros no tiene fin. Por muy largo que sea el futuro, siempre existirá un número distinto para cada año.

Pero ¿qué ocurre con las fechas anteriores al suceso que hemos fijado como punto de partida? Nada más sencillo: al año anterior a dicho suceso le llamaremos *año 1 antes del suceso*. El anterior a éste será el *año 2 antes del suceso*, etcétera.

Este sistema de datación provoca un efecto curioso: los números asignados a los años posteriores al suceso crecen hacia el futuro, mientras que los anteriores se incrementan hacia el pasado. Así por ejemplo: el *año 2000 después del suceso* es posterior al *año 1000 después del suceso*, pero el *año 2000 antes del suceso* será anterior al *año 1000 antes del suceso*. Los años *antes del suceso* funcionan como los números negativos, aunque hay una pequeña discrepancia que se mencionará más adelante.

Si se pudiese adoptar como comienzo de la cuenta de años la fecha del origen del cosmos, todo sería más fácil. La serie completa de los años *anteriores al suceso* desaparecería de golpe, pues antes del principio del universo no ocurrió nada en absoluto. El problema, claro está, es saber cuándo tuvo lugar este fenómeno excepcional.

A lo largo de la historia, los pueblos civilizados han elegido fechas concretas como origen de su sistema de cuenta de años (o, como se suele decir, de su *era*). Al principio, cada vez que cambiaba el monarca reinante, comenzaba automáticamente una nueva era. Así por ejemplo, en Mesopotamia se hablaba del *decimotercer año de Sargón*; en Egipto, del *quinto año de Ramsés*; En China, del *segundo año de Kao-Tsu*. El problema es que una cronología basada en los cambios de gobernante no puede ser universal, ni exacta. Lo primero es evidente. Lo segundo es consecuencia de que a veces coinciden dos o más monarcas en el mismo año. Los errores y confusiones se van acumulando y al final se puede llegar a incertidumbres de décadas. Por eso es tan difícil para la cronología histórica establecer con exactitud las fechas de algunos reinados en las civilizaciones antiguas.

Aún hoy, en Japón, se sigue oficialmente un sistema cronológico de este tipo, aunque en la práctica coexiste con el occidental. Cada vez que cambia el emperador reinante, comienza una nueva era y una nueva cuenta de años. Así por ejemplo, el año 1984 de nuestra cronología corresponde al año 59 de la era *Shōwa* (paz brillante), que coincide con el reinado del emperador Hirohito, que comenzó en 1926. El año 2007 es el 19 de la era *Heisei*, que corresponde al emperador Akihito. Es famosa la era *Meiji*, del emperador Mutsuhito (reinó de 1867 a 1912), durante la cual Japón se modernizó y se convirtió en una potencia mundial equiparable a las europeas.

En la Roma republicana también se aplicó este método. El cargo de cónsul tenía una duración de un año, por lo que se podía utilizar el nombre del magistrado para fijar la fecha: *el año en que fue cónsul Marco Emilio Lépido*. El uso de nombres en lugar de números complica las cosas, pues tras doscientos cónsules consecutivos es un poco difícil recordar su orden, además de la complicación adicional de que algunos romanos ejercieron el consulado en más de una ocasión.

Otras veces, se tomaba como punto de partida un hecho histórico excepcional, que se suponía sería perdurablemente famoso. Por ejemplo, en el próximo oriente estuvo en vigor durante algunos siglos la *era seleúcida*, que comenzaba en el año en que Seleuco I Nicátor, sucesor de Alejandro Magno, conquistó Babilonia (312 a. de J.C.). Los judíos basaron durante mucho tiempo su cuenta de años en esa fecha.

Hacia finales del siglo III antes de Cristo, el historiador griego Timeo introdujo un nuevo sistema de datación que fue muy famoso durante la antigüedad: la era de las olimpiadas. Estos juegos atléticos panhelénicos tenían lugar cada cuatro años, en el mes de junio, y podían servir como hito fácilmente calculable. Para Timeo, la primera olimpiada tuvo lugar 776 años antes de Cristo. Una fecha concreta se numeraba como *el tercer año de la olimpiada 124*, que correspondería al año 495 (3+4×123) desde el comienzo de la era olímpica. Es decir: el 282 a. de J.C. para la primera mitad del año, o el 281 para el segundo semestre (recuérdese que los años olímpicos comenzaban en junio).

En Roma, el sistema cronológico más extendido contaba los años desde la fecha mítica de la fundación de la ciudad (753 a. de J.C.), lo que permitió a los romanos ignorar en la práctica los números negativos. Una fecha determinada se nombraba *año 533 a.u.c.*[56], que corresponde al 221 a. de J.C.

Tampoco han faltado sistemas cronológicos basados en el supuesto principio del mundo, calculado a partir de los relatos bíblicos del Génesis. Este libro, primero de los de la Biblia, contiene en los capítulos 2 a 11 una genealogía completa que va desde el primer hombre (Adán) hasta Abraham, el primero de los patriarcas, que pudo vivir entre los siglos XVIII y XX antes de Cristo[57]. Hasta el siglo pasado, la interpretación literal de la Sagrada Escritura era casi artículo de fe, tanto en ambientes judíos como en los cristianos, por lo que hubo más de un autor que utilizó los datos del

---

[56] Iniciales de la frase latína *ab urbe condita*, que significa *después de la fundación de la ciudad*.
[57] Según Eusebio de Cesarea, nació en el año 2016 a. de J.C.

Génesis para calcular la fecha de la creación del mundo. El más antiguo de estos trabajos dio lugar a la era judía, que actualmente sigue en vigor para efectos religiosos y que fija la creación en el 7 de octubre del año 3761 antes de Cristo. Según este sistema cronológico, el año 2000 de nuestra era fue el 5761 de la era judía.

En el siglo XVII, el teólogo irlandés James Ussher realizó un nuevo cálculo y decidió que el origen del mundo se remontaba al año 4004 antes de Cristo. Otros autores no estaban de acuerdo y lo calcularon en el 5508 u otras fechas similares. Sin embargo, con el desarrollo de la cronología científica moderna, estos cálculos se vinieron abajo y los primeros capítulos del libro del Génesis dejaron de considerarse históricos[58].

Entre otros sistemas cronológicos basados en sucesos espectaculares, hay que mencionar la era islámica, que comienza a contar los años en la huida de Mahoma desde la Meca a Medina (la *héjira*), que tuvo lugar a la puesta del sol del día 17 de julio del año 622 de nuestra era. Este sistema de datación, que aún está en vigor, tiene una particularidad curiosa: no basta con restar 622 de la fecha internacional actual para calcular el año islámico en que nos encontramos. En efecto, como se vio en el capítulo primero, el año islámico es lunar y tiene sólo 354 o 355 días. Por lo tanto, la cuenta de sus años avanza más deprisa que los nuestros, de modo que el

---

[58] En palabras de un documento del secretario de la Pontificia Comisión Bíblica: *...en (los primeros capítulos del Génesis) se relata, en lenguaje sencillo y figurado, acomodado a las inteligencias de una humanidad menos desarrollada, las verdades fundamentales que conducen a la salvación y, a la vez, la descripción popular de los orígenes del género humano y del pueblo elegido.*

El tiempo y el hombre

año 1980 de la era cristiana fue el 1400 de la *héjira*, en lugar del 1358, como correspondería con una cuenta de años solares.

También los revolucionarios franceses de finales del siglo XVIII intentaron imponer un nuevo sistema cronológico. Además de cambiar el calendario, como se vio en el capítulo primero, adoptaron como fecha inicial de la historia el 22 de septiembre de 1792, que pasó a ser el día uno de *vendémiaire* del año 1 de la República. Esta cronología tuvo una duración efímera, de sólo catorce años escasos, pues fue abolida por Napoleón Bonaparte en 1806.

El sistema cronológico internacional que hoy usamos es la *era cristiana*. Después de la caída y desintegración del imperio romano de occidente, la *era romana* siguió utilizándose durante unos doscientos años más, pero en el siglo VI, el teólogo escita Dionisio el Exiguo introdujo la costumbre de fechar los acontecimientos históricos a partir del nacimiento de Cristo. Dionisio calculó que Jesús debió de nacer hacia el año 754 a.u.c. y llamó a este año el 1 A.D.[59] Por consiguiente, las fechas cristianas posteriores a ésta podían calcularse sin más que restar 753 años de la fecha romana hasta entonces en vigor. En cuanto a las anteriores al 754 a.u.c., correspondían en la nueva era a números negativos y se obtenían restando la fecha romana de 754 y añadiendo las siglas *a. de J.C.*[60] Así por ejemplo, el año 533 a.u.c. venía a corresponder al 221 a. de J.C., como se dijo unos párrafos atrás.

---

[59] Del latín *Anno Domini*, año del señor.
[60] Siglas de *antes de Jesucristo*.

Desgraciadamente, los criterios que Dionisio el Exiguo empleó para calcular la fecha del nacimiento de Cristo no estaban bien fundados. Hoy se sabe, porque los historiadores romanos lo mencionan, que Herodes el Grande, rey de los judíos, murió el año 750 a.u.c., es decir, el 4 a. de J.C. Sin embargo, el capítulo segundo del evangelio de San Mateo afirma que Jesús nació durante su reinado, por lo que tuvo que nacer antes de esa fecha. Por otra parte, en la matanza de los inocentes se dio orden de ejecutar a todos los niños menores de dos años, lo que indica que Jesús podría tener esta edad antes de la muerte de Herodes. Además de esto, la Sagrada Familia permaneció en Egipto durante cierto tiempo, hasta la muerte del rey, lo que retrasaría aún más la fecha del nacimiento. Los historiadores actuales se inclinan por fijarlo entre los años 747 y 749 a.u.c., aunque hay algunos que opinan que podría remontarse hasta el 743 a.u.c. Todo esto tiene la curiosa y paradójica consecuencia de que hoy nos vemos obligados a afirmar que Jesucristo nació, probablemente, entre el año 7 y el año 5 antes de Jesucristo.

Con la expansión explosiva de la civilización occidental, que tuvo lugar durante los siglos XVI al XIX, el uso de la era cristiana se extendió prácticamente por todo el mundo. Hoy se ha convertido en el sistema internacional de cronología, utilizado por el comercio, la historia y la ciencia para fijar todo tipo de fechas comprendidas, en números redondos, entre el año 5000 a. de J.C. y la actualidad.

El tiempo y el hombre

Tan sólo hay una pequeña discrepancia en los cálculos astronómicos. En el sistema de uso general no existe un año cero, pues el 1 a. de J.C. precede inmediatamente al 1 A.D. Sin embargo, en el lenguaje matemático que se utiliza en astronomía, parece más natural utilizar la serie numérica completa: los números negativos y el cero, además de los positivos. Por ello, el sistema utilizado por los astrónomos difiere ligeramente del internacional. Todas las fechas posteriores al 1 A.D. coinciden, pero el 1 a. de J.C. es el año cero en su sistema y cualquier otro año anterior al principio de la era cristiana pierde una unidad: por ejemplo, el 300 a. de J.C. sería el año astronómico -299.

La existencia de dos orígenes diferentes para nuestra cuenta de años ha dado lugar a confusión. De acuerdo con el cómputo corriente, el único que usan los historiadores, el siglo I empezó en el año 1 A.D. y terminó en el año 100; el siglo II comenzó en el año 101 y acabó en el 200; y así sucesivamente. Todos los siglos posteriores al nacimiento de Cristo[61] empiezan en años acabados en 01 y terminan en años acabados en 00. De acuerdo con esta regla, el principio del siglo XX se celebró multitudinariamente en todo el mundo el día 1 de enero de 1901. No hubo entonces duda ni vacilación.

La regla se aplica también para los milenios: el primero de nuestra era comenzó en el año 1 y terminó en el año 1000; el segundo estuvo comprendido entre los años 1001 y 2000; el tercero

---

[61] Los anteriores, en cambio, comienzan en años terminados en 00 y acaban en años terminados en 01, puesto que la cuenta de años va al revés.

abarcará los años comprendidos entre 2001 y 3000. Cada milenio posterior al nacimiento de Cristo[62] empieza siempre por un año acabado en 001 y termina con otro acabado en 000.

La confusión surgió cuando se trató de inaugurar el siglo XXI. Por un lado, no sólo se acababa el siglo, también el milenio. El paso de la cifra 1 a la cifra 2 al principio del número que señala el año causó un gran impacto psicológico, mucho mayor que el provocado por el paso del año 1899 al 1900. Por otra parte, los astrónomos habían establecido ya su propio sistema de cuenta de años: aprovechando la discusión pública, que surgió con fuerza en los medios de comunicación, intentaron imponerlo para uso corriente, aduciendo que los siglos debían abarcar desde los años terminados en 00 hasta los acabados en 99, y patrocinando abiertamente que las celebraciones del cambio de milenio tuviesen lugar el 1 de enero del año 2000.

Al final, las aguas volvieron a su cauce. Como era de esperar, las celebraciones extraordinarias se repartieron entre el 1 de enero del año 2000 y el 1 de enero del 2001. Por otra parte, los astrónomos no podían salirse con la suya: los historiadores no iban a permitir que se les trastocaran sus estudios, enviando de pronto todos los años terminados en 00 a un siglo diferente. Es posible que la discusión se reproduzca a finales del siglo XXI, o quizá en las proximidades del año 3000, pero nosotros no nos veremos afectados por ello.

---

[62] De igual manera, los milenios anteriores a Cristo comienzan en años terminados en 000 y acaban en años terminados en 001.

Días julianos

Existe otro método para contar fechas que utilizan a veces los historiadores y más a menudo los astrónomos. Se trata de los días julianos, inventados en 1582 por Joseph Justus Scaliger. Los días julianos no tienen nada que ver con el dictador romano Julio César, pues su autor les dio ese nombre en honor a su padre, Julius Caesar Scaliger. El método define cada fecha por el número de días transcurridos desde un momento fijo, anterior al principio de la historia: el 1 de enero del año 4713 a. de J.C. Tiene las ventajas de que una fecha concreta se define perfectamente con un solo número en lugar de tres (año, mes y día), como en los sistemas corrientes; que dicho número es siempre positivo para todas las fechas históricas, pues el año 4713 a. de J.C. es anterior al principio de la historia; y que, para conocer el número de días transcurridos entre dos fechas determinadas, basta restar sus días julianos respectivos. Por otra parte, tiene el inconveniente de trabajar con números muy grandes. Por ejemplo, al 1 de enero del año 2001 (primer día del siglo XXI y del tercer milenio de nuestra era) le corresponde el día juliano 2,451,544. El listado 3.1 presenta un programa de ordenador que calcula el día juliano de cualquier fecha[63].

---

[63] Los días julianos empiezan a mediodía. La hora puede transformarse en decimales. Después del mediodía, hay que sumar uno al resultado del programa.

```
long diaJuliano ( int dia, int mes, int anno) {
    int f = (mes<3) ? 1 : 0;
    int g = anno+4900-f;
    if (anno<1582 || (anno==1582 && (mes<10 || (mes==10 && dia<5))))
        return dia - 32114L + ((1461L*(g-100))/4) + ((367L*(mes-2+12*f))/12) ;
    else if (anno>1582 || (anno==1582 && (mes>10 || (mes==10 && dia>14))))
        return dia - 32075L + ((1461L*(g-100))/4) + ((367L*(mes-2+12*f))/12) - (3*(g/100))/4;
    else printf ("Esa fecha no existe\n"); return 0;
}
```

Listado 3.1. Programa en lenguaje C que calcula el día juliano de una fecha dada.

Métodos científicos de datación: dendrocronología

Para obtener la fecha exacta de un suceso, los historiadores suelen basarse en la existencia de crónicas o escritos históricos de la época en que tuvo lugar. Estos no siempre son fiables, pero cuando se combinan varios entre sí suelen acercarse más a la verdad que cada uno por separado. A pesar de todo, existen grandes discrepancias sobre las fechas más antiguas de las civilizaciones de primera generación, cuyos escritos se han perdido en su mayor parte y cuya lengua se entiende con más dificultad. Es por eso por lo que existen varias cronologías discrepantes para la historia de oriente medio durante el tercer milenio antes de Cristo, que difieren entre sí en decenios o incluso en siglos, y que se llaman, respectivamente *cronología mínima o corta* (que da fechas más próximas a nosotros para las primeras dinastías en Egipto y Mesopotamia), *cronología media* y *cronología máxima o larga*, para los que prefieren fechas más alejadas de la actualidad.

A veces es posible datar con exactitud un suceso determinado, basándose en fuentes no históricas. Se sabe que Tales de Mileto fue el primero entre los griegos en predecir un eclipse de sol, y que éste, visible en la región del Mediterráneo oriental, tuvo lugar en el año 585 a. de J.C. A partir de estos datos, y puesto que los fenómenos astronómicos se pueden calcular con gran exactitud, ha sido posible deducir que dicho eclipse ocurrió precisamente el día 28 de mayo de aquel año.

Generalmente, cuando se intenta descubrir fechas de sucesos pasados por métodos científicos, no se obtienen resultados tan espectacularmente exactos. Existe siempre un margen de inseguridad, pues muy pocos fenómenos físicos se aproximan a la precisión matemática de la astronomía. Las páginas que siguen describen someramente algunos de los métodos científicos de datación.

El análisis de los anillos de los árboles alcanza la mayor precisión, consiguiendo a veces averiguar fechas con un error menor que un año. Existen árboles muy longevos en los que es posible deducir su edad examinando su tronco. Cada año, durante la estación favorable, el árbol aumenta de grosor, pero su crecimiento se detiene durante la estación fría, que queda marcada como una línea oscura, claramente visible en un corte del tronco. Por otra parte, si un año ha sido excepcionalmente húmedo y caliente, el anillo correspondiente será muy ancho: el árbol ha engrosado mucho. Lo contrario sucede en los años secos y fríos. La sucesión de grosores de los anillos de los árboles proporciona, por tanto, un gráfico de la evolución del clima a través de los tiempos.

Como las condiciones climáticas suelen afectar por igual en grandes extensiones de terreno, todos los árboles de la misma región y de la misma edad presentarán idéntica sucesión de anillos. Los más viejos tendrán, además, anillos más antiguos que los más jóvenes.

Supongamos que se conoce la serie de grosores de los anillos para cierta región y un periodo determinado, por ejemplo, el siglo XX. Si se encuentra un mueble o una viga que proceda de la misma zona y que tenga más o menos esa antigüedad, se puede aventurar la hipótesis de que su madera habrá salido de un árbol de la misma procedencia, cuyo nacimiento habrá tenido lugar varios años antes. Los anillos de este árbol hipotético serán aún visibles en la madera. Se trata, pues, de encontrar una correlación entre estos anillos y la serie conocida. Si se logra, las dos gráficas pueden unirse, extendiendo así la sucesión cierto número de años hacia el pasado.

Veamos un ejemplo: la tabla 3.1 representa una serie deducida del análisis de anillos de árboles vivos, por lo que se conocen los años concretos a los que corresponde cada anillo.

Año	1901	1902	1903	1904	1905	1906	1907	1908	1909	1910
Grosor (mm)	12	9	13	16	15	12	11	8	15	16
Año	1911	1912	1913	1914	1915	1916	1917	1918	1919	1920
Grosor (mm)	7	7	8	11	12	11	9	14	10	12

Tabla 3.1. Serie de grosores de los anillos de los árboles para cierta región y principios del siglo XX.

La tabla 3.2 representa la sucesión de grosores correspondientes al árbol del que salió la madera que hoy forma parte de la viga o mueble que estamos estudiando. La línea de fechas no está rotulada, porque se desconoce el año exacto en que dicho árbol se cortó. Es fácil comprobar, comparando las dos tablas, que los seis últimos grosores de la tabla 3.2 (16, 12, 17, 21, 20, 16) son aproximadamente proporcionales (en proporción 4/3) a los seis primeros de la tabla 3.1 (12, 9, 13, 16, 15, 12). Basta con que sean proporcionales, no tienen por qué tener los mismos valores, pues unos árboles crecen más deprisa que otros.

Año	?	?	?	?	?	?	?	?	?	?	?	?	?	?	?
Grosor (mm)	16	19	14	18	18	12	16	18	20	16	12	17	21	20	16

Tabla 3.2. Serie de grosores obtenida de la madera de un mueble, originario de la misma zona en que se obtuvieron los datos sobre los anillos de los árboles de la tabla 3.1.

Como es muy poco probable que una serie relativamente larga de datos climatológicos se repita varias veces a lo largo de un periodo tan reducido como unos cuantos siglos, es razonable llegar a la conclusión de que las dos series se superponen en esos seis años, por lo que el árbol del que salió nuestro mueble habría sido cortado en el año 1907. Con esto quedan automáticamente fechados todos los anillos anteriores, lo que nos permite prolongar la gráfica hasta el año 1892, después de aplicar la proporcionalidad deducida de la parte coincidente de la serie (véase la tabla 3.3).

Año	1892	1893	1894	1895	1896	1897	1898	1899	1900
Grosor (mm)	12	14	11,5	13,5	13,5	9	12	13,5	15
Año	1901	1902	1903	1904	1905	1906	1907	1908	1909	1910
Grosor (mm)	12	9	13	16	15	12	11	8	15	16
Año	1911	1912	1913	1914	1915	1916	1917	1918	1919	1920
Grosor (mm)	7	7	8	11	12	11	9	14	10	12

Tabla 3.3. Serie extendida de grosores de los anillos de los árboles, que combina los datos de las tablas 3.1 y 3.2.

La aplicación reiterada de este método y el uso de árboles muy longevos, como ciertos pinos o secuoyas, han permitido obtener series de grosores relativos de anillos que abarcan varios milenios. La ciencia de la dendrocronología[64] ha logrado gracias a ello éxitos notables al fechar, con un error muy pequeño, restos arqueológicos de madera de las edades antigua y media.

---

[64] Del griego *dendros*, árbol.

Pero la dendrocronología tiene un campo de acción aproximadamente igual al de la cronología histórica: los últimos cinco o seis mil años. Para fechar objetos más antiguos es preciso recurrir a otros métodos.

Métodos científicos de datación: estratigrafía y paleontología

La capa de gases que rodea la Tierra es muy estable. Sólo los diez o doce kilómetros más próximos a la superficie, la *troposfera* (la esfera revuelta) está agitada casi permanentemente por movimientos más o menos violentos: brisas, vientos, tempestades, ciclones, huracanes, tifones o tornados. La palabra tempestad viene del latín *tempestas*, que significa *lapso de tiempo*[65]. Inicialmente se refirió al tiempo[66] atmosférico en general, pero poco a poco se especializó, reduciéndose su utilización al *mal tiempo*, a los fenómenos atmosféricos desfavorables para el hombre. La palabra ciclón viene del griego *kiklos*, círculo, y se aplica a las corrientes de aire circulares que suelen acompañar las alteraciones atmosféricas y las precipitaciones. En el hemisferio norte, estas corrientes giran en el sentido contrario a las agujas de un reloj. En cambio, cuando hace buen tiempo, suelen establecerse corrientes de aire en el sentido de las agujas del reloj, que por eso se llaman

---

[65] Obsérvese su relación con la palabra *tempus*, el tiempo.
[66] Igual que la palabra *día*, la palabra *tiempo* también es ambigua. Además de referirse a esa sensación difícilmente definible que nos permite distinguir el pasado del futuro (véase el capítulo 6), tiene también otro significado muy diferente: el estado de la atmósfera.

anticiclones. En el hemisferio sur las cosas suceden al revés: las corrientes de aire relacionadas con el mal tiempo giran en el sentido de las agujas del reloj, las del buen tiempo en sentido contrario.

Ciertas tormentas circulares extremadamente intensas y rápidas reciben diversos nombres, según la región de la Tierra donde ocurren. En el Atlántico se llaman *huracanes*, palabra de los indios caribes que da nombre a un espíritu del mal. En el Pacífico son *tifones*, palabra árabe que quizá descienda del gigante Tifón, que en la mitología griega se enfrentó a Zeus. En el océano Índico son *ciclones* en sentido estricto. Ciertos huracanes extremadamente violentos que suelen tener lugar en tierra firme son conocidos en los Estados Unidos con el nombre de *tornados*, palabra de origen español que hace referencia a su rápido movimiento circular.

Los vientos, las tempestades, la lluvia, el granizo, la acción química del aire, las alternancias de temperatura, erosionan constantemente la superficie de la Tierra, arrancan partículas de las rocas, las desintegran e igualan las desigualdades de nivel. Su acción continuada durante millones de años llega a aplanar montañas y a abrir profundas grietas y cañones, por los que transcurren los ríos y los glaciares, que transportan los restos desmenuzados hasta el mar, donde se depositan en las profundidades como limos y barros. Los cadáveres de animales que vivían en las inmediaciones van a parar a este cementerio pastoso y quedan sepultados en él.

A medida que pasan los siglos, el espesor de los sedimentos aumenta, alcanzando a veces varios kilómetros de espesor. Las partes duras de los animales, huesos y conchas, se ven sometidos a procesos químicos que acaban por convertirlos en piedra sin hacerles perder su forma. Los cadáveres se transforman en *fósiles*[67].
Los barros más profundos se prensan y pierden el agua, convirtiéndose en rocas duras: areniscas, pizarras arcillosas y conglomerados.

Los sedimentos no permanecen para siempre en el fondo del mar. Si así fuese, hace mucho tiempo que todas las desigualdades del terreno habrían desaparecido y la superficie de la Tierra sería plana como una bola de billar. En lugar de continentes y océanos, tendríamos una capa de agua de profundidad constante que recubriría el planeta por todas partes por igual.

¿Por qué no sucede así? Porque en la Tierra existen otras fuerzas que tienden a restaurar las desigualdades eliminadas por la erosión. Son las fuerzas tectónicas, gracias a las cuales se elevan las montañas, aparecen abismos marinos, surgen las islas y los volcanes, y tienen lugar los terremotos. El paso del tiempo no produce cambios en un sólo sentido: unos efectos compensan a otros, de modo que, a la larga, se alcanza un equilibrio dinámico y el aspecto de la superficie de la Tierra se altera en los detalles, pero conserva una variedad constante de montañas, llanuras, mesetas y otras desigualdades del terreno.

---

[67] Del latín *fossilis*, lo que se extrae cavando.

Un día, debido a las presiones de las placas de la corteza de la Tierra, que se van desplazando poco a poco[68], las masas de sedimentos se pliegan, se elevan y salen de nuevo a la superficie, convirtiéndose en islas, cadenas montañosas o nuevas regiones continentales. Inmediatamente, la erosión comienza a actuar sobre ellas. Zonas que llevaban millones de años sumergidas bajo miles de toneladas de roca aparecen al descubierto, donde podemos estudiarlas y desenterrar los fósiles que contenían.

Los sedimentos no constituyen una masa uniforme y homogénea: es fácil comprobar que los terrenos sedimentarios están formados por capas paralelas de diversos grosores, más o menos plegadas, que llamamos *estratos*[69]. Los estratos son fáciles de distinguir entre sí por su color, por su composición química, por el grado de apelmazamiento, por el tamaño de las partículas que forman las rocas, o por todas estas características a la vez. Además, cada época tiene sus fósiles propios, que difieren de los que aparecen en los estratos vecinos. Es posible, por lo tanto, establecer el orden de sucesión de los estratos (en condiciones normales, los más profundos serán los más antiguos) y correlacionar las series obtenidas en regiones muy apartadas entre sí, basándose en los fósiles que contienen. Sólo falta saber cuánto tiempo ha transcurrido desde que esos sedimentos se depositaron en el fondo del mar.

---

[68] Véase más adelante, en este mismo capítulo.
[69] Del latín *stratum*, colcha de la cama. Las capas de estratos recuerdan las mantas y sábanas que cubren la cama.

El tiempo y el hombre

En el siglo XVIII, el naturalista francés George Louis Leclerc, conde de Buffon, pensó que sería factible calcular el tiempo necesario para que se depositaran los sedimentos, si se conociese la velocidad con que los ríos transportan limos al mar. No teniendo datos suficientes para estimar este ritmo, hizo cálculos a mano alzada y llegó a la conclusión de que la edad de la Tierra tenía que ser mayor que 75,000 años. Hoy sabemos que se quedó muy corto, pero en sus días fue una afirmación revolucionaria: recuérdese que las estimaciones basadas en la Biblia no pasaban de seis o siete mil años.

A lo largo del siglo XIX, los cálculos que se apoyaban en el espesor de los estratos fueron obteniendo resultados cada vez más fiables. Se hablaba ya de cientos de millones de años, en lugar de decenas de miles. Sin embargo, este método no puede ser exacto, por varias razones: en primer lugar, aunque hoy se conozca con bastante aproximación el ritmo de depósito de sedimentos por parte de los ríos actuales, no podemos estar seguros de que los ríos de la antigüedad los transportaran con el mismo ritmo; en segundo lugar, existen diferencias considerables entre río y río. En consecuencia, las edades obtenidas pueden contener errores de decenas de millones de años. No obstante, como primera aproximación, el método del espesor de los estratos produjo resultados excelentes durante casi un siglo.

Los geólogos y los paleontólogos[70], que estudian los estratos y los fósiles, han dividido la historia de la Tierra siguiendo una

---

[70] Del griego *ge*, la Tierra, *palaiós*, antiguo, *ontos*, ser, y *logos*, tratado. La

clasificación jerárquica. En particular, los últimos seiscientos millones de años, que contienen fósiles de animales provistos de partes duras, son más fáciles de identificar y su conjunto recibe el nombre de *eón fanerozoico*[71]. A su vez, el fanerozoico se divide en tres grandes eras. La más antigua se llama *paleozoico* (de los animales antiguos); la segunda, *mesozoico* (de los animales intermedios); la más moderna, *cenozoico*[72] (de los animales nuevos). A su vez, cada una de las tres eras se divide en dos o más periodos. El método del espesor de los estratos permitió calcular aproximadamente la duración de cada uno de estos periodos, pero para obtener aproximaciones más exactas fue necesario recurrir a otros métodos de datación.

Métodos científicos de datación: la radiactividad

El deseo de aumentar lo más posible la precisión de las medidas y de los cálculos es un impulso constante en la investigación científica. No tardó en aparecer un fenómeno nuevo que se prestaba con extraordinaria oportunidad para servir como criterio de medida de la antigüedad de objetos muy alejados de nosotros en el tiempo. Este fenómeno es la radiactividad natural.

Corría la última década del siglo XIX, cuando el físico francés Antoine Henri Becquerel, mientras estudiaba el fenómeno de la

---

geología es la ciencia que estudia la Tierra. La Paleontología es la ciencia que estudia los seres antiguos.

[71] Del griego *fanerós*, visible, evidente, *zoón*, ser vivo, animal. Los animales con partes duras dejan fósiles visibles.

[72] Del griego *palaiós*, antiguo, *mesos*, que está en medio, *kainós*, nuevo, y *zoón*, ser vivo, animal.

fluorescencia, descubrió que un mineral de uranio (la *uraninita* o *petchblenda*) era capaz de velar placas fotográficas en la oscuridad, a pesar de que las placas estaban envueltas en papel negro. Era evidente que el mineral contenía algo que radiaba energía, lo suficiente para atravesar el papel. En el año 1896, cuando se produjo el descubrimiento de Becquerel, estaba muy reciente el hallazgo de los rayos X y el físico francés supuso que se trataba de algo semejante, aunque producido de forma espontánea.

El físico francés Pierre Curie y su esposa, Marie Sklodowska Curie analizaron la petchblenda y descubrieron que el uranio era radiactivo, aunque también contenía otros dos elementos, hasta entonces desconocidos, que producían una radiación mucho más intensa: el polonio y el radio. Como consecuencia de estos hallazgos, Becquerel y los esposos Curie obtuvieron en 1903 el premio Nobel de física.

Durante las primeras décadas del siglo XX, la radiactividad se convirtió en el campo de investigación más avanzado de la física y la química. Pronto se supo que los átomos de algunos elementos son inestables y se transforman espontáneamente en otros, después de un tiempo más o menos largo. Al hacerlo, emiten una partícula alfa (un núcleo de helio) o una partícula beta (un electrón). Para cada isótopo radiactivo, la proporción de los átomos que se desintegran por segundo es siempre la misma y se llama *constante de desintegración*. Esta propiedad es muy curiosa y merece una explicación más detallada.

Supongamos que tenemos cien mil átomos de un elemento radiactivo, cuya constante de desintegración es igual a un diez por ciento. Al cabo de un segundo, se habrán desintegrado exactamente diez mil átomos, por lo que quedarán intactos noventa mil. Sabemos cuántos de los átomos se van a desintegrar, pero no cuáles, pues se trata de una ley estadística.

Al comenzar el siguiente segundo tenemos, pues, noventa mil átomos del elemento. De acuerdo con la ley de desintegración, al final de este segundo se habrá transformado un diez por ciento de los átomos, es decir, nueve mil, con lo que quedarán ochenta y un mil átomos intactos. Continuando del mismo modo se puede calcular el número de átomos a lo largo del tiempo, obteniendo la tabla 3.4.

De esta tabla se deducen algunos hechos peculiares: en primer lugar, a medida que transcurre el tiempo, quedan cada vez menos átomos del elemento radiactivo, pero también se desintegran menos, pues la proporción se mantiene. Sin embargo, llega un momento en que todos desaparecen. Si se prolonga la tabla 3.4, se verá que hacia el segundo número 109 quedará un sólo átomo de los cien mil de partida. El último no se puede saber cuánto durará, pues una ley estadística no puede aplicarse a un solo objeto, pero más pronto o más tarde se desintegrará también, y los cien mil átomos quedarán reducidos a cero.

Se llama vida media de un elemento radiactivo el tiempo necesario para que el número de sus átomos se reduzca a la mitad. En el ejemplo de la tabla 3.4, la vida media resulta ser de 6,55 segundos, pues al cabo de ese tiempo el número de átomos pasa por cincuenta mil. Al cabo de dos vidas medias (13,1 segundos) el número se reduce otra vez a la mitad: veinticinco mil. Al cabo de otra vida media (tras 19,65 segundos desde el principio) quedan doce mil quinientos; y así sucesivamente.

Un fenómeno tan regular permite calcular el tiempo transcurrido desde épocas pasadas. Si se sabe, por ejemplo, cuántos átomos de un elemento existían en una roca cuando ésta se solidificó, se conoce su vida media, y se cuentan los que quedan en la actualidad, se puede calcular sin dificultad el tiempo transcurrido desde el momento indicado. Pero ¿cómo saber cuál era el número de átomos del isótopo radiactivo en el instante inicial del proceso de desintegración? La deducción de esta cifra depende del método concreto de datación que se vaya a utilizar.

Cada isótopo radiactivo tiene su propia vida media, unas más largas, otras más cortas. Eligiéndolos adecuadamente, es posible encontrar medidores para distintas escalas del tiempo. Los isótopos de vida media breve sólo servirán para medir intervalos de tiempo reducidos, pues tras un lapso bastante corto desaparecerán todos los átomos del elemento y el método dejará de funcionar. Por otra parte, aunque los isótopos de vida media larga no servirán para medir tiempos cortos, pues habrán desaparecido muy pocos átomos y el error de la medida será grande (es difícil distinguir 99,800 átomos de 100,000), en cambio nos permitirán calcular intervalos de tiempo muy extensos.

Segundo	Átomos al principio	Átomos desintegrados
1	100,000	10,000
2	90,000	9,000
3	81,000	8,100
4	72,900	7290
5	65610	6561
6	59049	5905
7	54144	5314
8	47830	4783
9	43047	4305
10	38742	3874
11	34868	3487
12	31381	3138
13	28243	2824
14	25419	2542
15	22877	2288
16	20589	2059
17	18530	1853
18	16677	1668
19	15009	1501
20	13508	1351
21	12157	1216
22	10941	1094
23	9847	985
24	8862	886
25	7976	798

Tabla 3.4. Tasa de desintegración de un átomo radiactivo.

Existe un método de datación radiactiva especialmente apropiado para descubrir la edad de objetos no demasiado antiguos: el del carbono-14. La atmósfera de la Tierra está sujeta constantemente al bombardeo de rayos cósmicos procedentes de la explosión violenta de estrellas lejanas. Estos rayos interaccionan con los átomos del aire y provocan transmutaciones nucleares. En particular, algunos átomos de nitrógeno se transforman en un isótopo radiactivo del carbono cuyo núcleo contiene catorce partículas (entre protones y neutrones) y por ello se llama carbono-14. Estos átomos tienen las mismas propiedades químicas que el carbono ordinario estable (el carbono-12) y se combinan con el oxígeno para formar anhídrido carbónico radiactivo, que se mezcla perfectamente con el anhídrido carbónico normal. Mientras se encuentran en la atmósfera, los átomos de carbono-14 se desintegran espontáneamente con una vida media de unos 5730 años, pero los rayos cósmicos producen continuamente átomos nuevos, que sustituyen a los antiguos a medida que se desintegran, de modo que se alcanza un equilibrio.

Los vegetales sintetizan materia orgánica a partir del anhídrido carbónico del aire mediante la función clorofílica. En este proceso, absorben también moléculas de anhídrido carbónico radiactivo, en proporción igual a la de este gas en la atmósfera. Al pasar por la planta, el carbono-14 continúa desintegrándose, pero esto se compensa, porque el vegetal absorbe átomos nuevos, que sustituyen a los que se pierden. Sin embargo, cuando la planta muere, la función clorofílica se detiene. A partir de entonces, los átomos de carbono-12 permanecen estables, mientras que los de carbono-14 se reducen a la mitad cada 5730 años.

Si la proporción de carbono-14 en la atmósfera no ha variado sensiblemente en los últimos miles de años[73], se sabe

---

[73] Junto con la contaminación externa, ésta es la razón principal de la inseguridad del método, por cuya causa no pueden obtenerse resultados exactos, sino sólo aproximados.

automáticamente cuántos átomos de este isótopo radiactivo había en la planta en el momento de su muerte: los mismos que se observan en los seres vivos en la actualidad. Luego basta medir la proporción actual de los dos isótopos en restos de materia orgánica antigua para calcular la edad de dichos restos.

El método del carbono-14, que fue desarrollado por Willard F. Libby y sus colaboradores en 1946, sólo puede aplicarse a muestras que contengan materia orgánica de edad inferior a unos 40,000 años: siete vidas medias del isótopo. Con objetos más antiguos, el número de átomos radiactivos se habrá reducido tanto, que ya no serán detectables. Utilizando el espectrógrafo de masas para obtener la cantidad de carbono-14, sólo es preciso destruir unos miligramos de la muestra para calcular su edad, por lo que el método puede aplicarse incluso a muestras arqueológicas de alto valor histórico. Con algunas mejoras adicionales, el método permitiría deducir la edad aproximada de objetos orgánicos con antigüedades de hasta cien mil años.

Para el otro extremo de la escala, los tiempos muy largos, se dispone del método del uranio-plomo. El uranio-238 es un elemento poco radiactivo, cuya vida media es de 4510 millones de años. Cuando un átomo de uranio-238 se desintegra, se convierte en otro elemento mucho más radiactivo que el propio uranio, el cual se desintegra a su vez. El proceso se repite en cadena hasta que, después de catorce etapas sucesivas, se llega a un isótopo estable: el plomo-206 (véase la tabla 3.5).

Isótopo	Vida media	Tipo de desintegración
Uranio-238	4,510,000,000 años	alfa
Thorio-234	24 días	beta
Protoactinio-234	1 minuto	beta
Uranio-234	250,000 años	alfa
Thorio-230	83,000 años	alfa
Radio-226	1620 años	alfa
Radón-222	4 días	alfa
Polonio-218	3 minutos	alfa
Plomo-214	27 minutos	beta
Bismuto-214	20 minutos	alfa
Talio-210	1 minuto	beta
Plomo-210	19 años	beta
Bismuto-210	5 días	beta
Polonio-210	138 días	alfa
Plomo-206	estable	

Tabla 3.5. Cadena de desintegraciones radiactivas desde el uranio-238 hasta el plomo-206.

Supongamos que se analiza químicamente la composición de una roca y se descubre que contiene a la vez uranio-238 y plomo-206. Si se supone que no ha habido pérdidas de los dos elementos, y que al principio de su formación (cuando se solidificó) no contenía nada de plomo-206, todo el que contiene ahora se habrá formado a partir del uranio. Como conocemos la proporción actual de uranio, y la suma de los átomos de ambos elementos nos da el número inicial de átomos de uranio-238, se puede deducir la edad de la roca.

La tabla 3.6 muestra las cuatro descomposiciones radiactivas más importantes, que se emplean para datar rocas antiguas. Muchas veces pueden aplicarse varias a la vez, lo que permite comparar los resultados y afinar aún más la exactitud de las medidas. Estos métodos se utilizan regularmente para descubrir la edad de las rocas, tanto las de la Tierra, como las que trajeron los astronautas de la luna, o las de los meteoritos que llegan hasta nosotros procedentes de Marte, de asteroides o de cometas.

Isótopo inicial	Vida media	Isótopo estable final
Thorio-232	13,900,000,000 años	Plomo-208
Uranio-238	4,510,000,000 años	Plomo-206
Potasio-40	1,300,000,000 años	Calcio-40 o Argón-40
Uranio-235	713,000,000 años	Plomo-207

Tabla 3.6. Cadenas de desintegraciones radiactivas utilizadas para medir tiempos muy largos.

Otro procedimiento de datación, utilizable en rocas y minerales cristalinos, consiste en contar las huellas que dejan en los cristales las desintegraciones radiactivas o los rayos cósmicos, que son visibles al microscopio. Así se pueden medir edades comprendidas entre tres años y tres mil millones de años.

Épocas en la historia de la Tierra

Gracias a los métodos de datación, algunos de los cuales han sido descritos someramente en las páginas anteriores, se conoce con bastante precisión la cronología de las distintas épocas en que se divide la historia de la Tierra, que aparece detallada en la tabla 3.7.

Existen rocas muy antiguas, que han permanecido casi intactas durante miles de millones de años. En Groenlandia, por ejemplo, se han descubierto algunas cuya edad se remonta a 3800 millones de años, y en Australia se han encontrado minerales con 4100 ó 4200 millones de años de antigüedad: son las piedras terrestres más viejas que se conocen.

Algunas rocas extraterrestres procedentes de la luna o de los asteroides más antiguos tienen una edad aproximada de 4600 millones de años. Esta es la cifra que se supone más probable para el sistema solar y para la Tierra. Si no se han encontrado rocas terrestres tan antiguas, es porque la erosión y las fuerzas tectónicas (volcanes, terremotos, afloramientos de lava desde el manto, formación de montañas) las han destruido en su mayor parte. Tal vez no sea imposible hallarlas. Quizá nos aguarda aún, en algún sitio, el descubrimiento de una piedra que se formó cuando la corteza de la Tierra se hizo sólida por primera vez, pocos millones de años después de su origen.

Eón	Era	Periodo	Comienzo (millones años)
Azoico			4600
Criptozoico	Arcaica		3800
	Proterozoica		2500
		Ediacariense	1100
Fanerozoico	Paleozoica	Cámbrico	565
		Ordoviciense	510
		Silúrico	440
		Devónico	410
		Carbonífero inferior	365
		Carbonífero superior	325
		Pérmico	290
	Mesozoica	Triásico	251
		Jurásico	205
		Cretácico	135
	Cenozoica	Terciario	65
		Cuaternario	1

Tabla 3.7. Eones y eras geológicas

Durante la década de 1960 se descubrió que la superficie de la Tierra se divide en cierto número de placas rígidas, sobre las que cabalgan los continentes, que van desplazándose lentamente unas respecto de otras, dando lugar a la aparición de océanos, la partición de los continentes en otros más pequeños, o su unión para formar masas de tierras emergidas únicas y enormes. El transcurso del tiempo afecta hasta tal punto a la geografía terrestre, que los mapas de hoy no son válidos para el pasado remoto y también dejarán de servir en el futuro, dentro de millones de años.

Se ignora cuál sería la distribución de los continentes cuando la Tierra era joven. Que existían ya tierras emergidas lo demuestra el hallazgo mencionado de rocas continentales en Groenlandia. La imagen comienza a aclararse hace 1300 millones de años, cuando se cree que todos los continentes se aproximaron hasta unirse y formar una masa de tierra única: un supercontinente mundial, que hoy llamamos *Pangea*. A su alrededor se extendía un océano mundial, *Panthalassa*[74].

Hace unos 700 millones de años, poco antes del comienzo del eón fanerozoico, Pangea se dividió en cuatro continentes, tres de los cuales estaban en el hemisferio norte y correspondían, más o menos, a las zonas actuales de Norteamérica, Europa, y Asia central y occidental. El cuarto, llamado Gondwana, era muy grande y se encontraba en el hemisferio sur. Esta situación continuó hasta el periodo devónico, hace unos 400 millones de años, cuando Europa y Norteamérica se fusionaron entre sí y el número de continentes descendió a tres.

En el carbonífero superior, hace unos 300 millones de años, el proceso de fusión continental continuó. La masa euronorteamericana se unió a Gondwana y el número total de continentes se redujo a dos. Por último, hace unos 250 millones de años, a finales del periodo pérmico, las tierras asiáticas se empotraron en Europa. La presión entre los bordes de ambos continentes provocó el alzamiento de los montes Urales. De nuevo,

---

[74] Del griego *pan*, todo, *ge*, la Tierra, *zalassa* o *thalassa*, el mar.

todas las tierras emergidas quedaban unidas en un segundo supercontinente: Pangea había vuelto a formarse.

Esta vez no duró mucho. Hacia el final del triásico, hace unos 200 millones de años, comenzó de nuevo la desintegración del continente universal. En primer lugar, las tierras del norte se separaron de Gondwana, formando una masa única que hoy llamamos Laurasia. Tanto Laurasia como Gondwana se dividieron, a su vez, a lo largo del mesozoico. De la primera se separó la actual Norteamérica, mientras que la segunda se fragmentaba en cuatro grandes trozos: Sudamérica, África, la India, y el conjunto antártico-australiano. Al final del periodo cretácico, hace 65 millones de años, existían, por lo tanto, seis continentes separados.

Por fin, durante la era cenozoica, la distribución de tierras y mares tomó la forma actual. La India se desplazó a lo largo de miles de kilómetros hasta empotrarse en Eurasia. Su empuje plegó el borde de este continente, provocando la elevación de las montañas más altas que existen en la actualidad: el Himalaya. Australia se separó de la Antártica y fue a situarse en la región meridional del océano Pacífico. Por último, surgieron delgados puntos de contacto entre las masas continentales africana y eurasiática, así como entre las dos Américas. El mapa del mundo pasó a ser el que hoy conocemos.

El efecto del tiempo no se detiene nunca. Son necesarios millones de años para modificar la distribución de los mares y de los continentes, pero podemos estar seguros de que unas tierras se fragmentarán y otras pasarán a unirse entre sí. África, por ejemplo, está dividiéndose ante nuestros ojos por la depresión del Rift. Tal vez, dentro de mucho tiempo, se formará un nuevo Pangea rodeado por un nuevo Panthalassa. ¿Habrá entonces sobre la Tierra seres humanos capaces de darse cuenta del cambio, o nuestras ambiciones y egoísmos habrán provocado la desaparición de la vida en el planeta, que estará de nuevo, quizá, desprovisto de vida pluricelular, como en los tiempos del primer Pangea, hace más de mil millones de años?

El tiempo cíclico: el mito del eterno retorno

El afán del hombre por conocer los sucesos pasados no se detuvo en la historia de la Tierra y del sistema solar, se extendió al universo entero y a su principio. Se llama *cosmología* a la rama del conocimiento que se ocupa de estas cuestiones. Tradicionalmente, la cosmología estaba ligada con la religión, pues la explicación del origen del cosmos hacía intervenir, directa o indirectamente, la acción de Dios o de los dioses. Es curioso que las diversas cosmologías que fueron surgiendo a lo largo de la historia puedan clasificarse en dos grandes grupos, precisamente en función del papel que atribuían al tiempo:

- Por un lado estaban las cosmologías que suponían que el tiempo es cíclico, circular, que todos los sucesos se repiten una y otra vez con un periodo más o menos largo. El investigador rumano Mircea Eliade dedicó un libro famoso al estudio del *mito del eterno retorno*[75].

Esta forma de pensar, que posiblemente procede de la constatación de que las fases de la luna se repiten, afectó independientemente a casi todas las civilizaciones antiguas, tanto del continente eurasiático como del americano.

- Por otro lado destaca la cosmovisión judía, que se transmitió al cristianismo y que ve la historia del universo como un segmento de línea recta, con un principio y un final.

Veamos cómo describe el mito del eterno retorno la cosmología del hinduismo, una de las grandes religiones de la humanidad:

La duración de la vida de Brahmā es de cien años de Brahmā, que equivalen a 309 billones 600 mil millones de nuestros años. Un año de Brahmā se divide en doce meses de treinta días de Brahmā y treinta noches de Brahmā. Cada día de Brahmā (kalpa) y cada noche de Brahmā dura, por lo tanto, cuatro mil trescientos millones de nuestros años. Durante el día de Brahmā, la creación se encuentra en plena actividad. Durante la noche de Brahmā, el universo material es destruido y las almas de los vivientes, que son eternas, son reabsorbidas en Dios. La noche de Brahmā se llama también la disolución intermedia. Al final de la vida de Brahmā, todo el mundo material es aniquilado en la gran desintegración, aunque después de otros cien años de Brahmā vuelve a comenzar otro gran ciclo, con un nuevo nacimiento de Brahmā.

---

[75] *The Myth of the Eternal Return*, 1954.

El mito del eterno retorno se representa mediante un símbolo muy extendido, que se remonta a la civilización egipcia y que fue también adoptado por los griegos, los gnósticos y los alquimistas medievales. Se trata de una serpiente o dragón que adopta una disposición circular, con la cola introducida en la boca, para indicar que continuamente se devora a sí mismo y renace de sí mismo. Se llama *uróboros*[76] y representa la unidad de todas las cosas materiales y espirituales, que no desaparecen nunca, sino que cambian perpetuamente de aspecto en un ciclo continuo de destrucción y creación. Este símbolo sigue apareciendo en la literatura fantástica del siglo XX[77].

En la filosofía griega, el mito del eterno retorno aparece en Heráclito, Anaximandro, los pitagóricos, Platón[78] y los estoicos. A pesar del predominio cristiano de la cosmología lineal, el eterno retorno se introduce en la filosofía occidental con Nietzsche[79] y tiene influencia en la literatura del siglo XX, por medio del argentino Borges[80] y del inglés Priestley[81]. También se ha introducido en la ciencia moderna, a través de la cosmología del universo cíclico (véase más adelante) y de algunas teorías muy

---

[76] Del griego *oura*, cola, *bora*, alimento.
[77] E. R. Eddison, *The Worm Ouroboros*, 1926.
[78] *Timeo, o de la naturaleza*.
[79] *Así habló Zarathustra*, 1891.
[80] Jorge Luis Borges, *Historia de la eternidad*, 1936.
[81] John B. Priestley, dramaturgo inglés, estaba obsesionado por el tiempo, como demuestran sus obras *Time and the Conways*, que introduce saltos en el tiempo hacia adelante y hacia atrás, *Dangerous Corner*, en la que la línea del tiempo se bifurca, y *I was here before*, que presenta el mito del eterno retorno en forma modificada, pues aunque todo se repite una y otra vez, las distintas copias del mismo suceso no tienen por qué ser idénticas, sino que nuestra voluntad libre puede modificarlas.

recientes sobre la estructura cíclica del universo, que utilizan el siguiente razonamiento: aunque el universo fuese infinito, nosotros sólo tenemos acceso a una parte finita, limitada por el *horizonte cosmológico*, la distancia a partir de la cuál la expansión del universo tiene lugar a velocidad superior a la de la luz, por lo que queda fuera de nuestro alcance. El número de partículas que contiene el universo accesible es finito, como también el número de combinaciones de los estados de todas esas partículas. Si el universo fuese infinito, dichas configuraciones tendrían que repetirse con todas las variantes posibles, con lo que el cosmos tendría una estructura muy semejante a la de *la biblioteca de Babel* de Borges[82].

La historia del universo

En el siglo XX ha surgido una nueva rama de la física, cuyo objeto es el estudio del origen del universo y de los fenómenos que se han producido en él a lo largo de toda su historia. Con ello, la cosmología ha abandonado el campo de la religión para introducirse en el de la ciencia.

En otro lugar[83] he descrito con detalle la historia de la cosmología moderna y las distintas teorías que se han ido sucediendo a lo largo del tiempo. En la actualidad, una de ellas, la del *big bang*[84], ha llegado a alcanzar aceptación más o menos universal. Esta teoría

---

[82] Jorge Luis Borges, *Ficciones*, 1956.
[83] *El quinto nivel*, Adhara, 2005 o *El quinto nivel de la evolución*, 2014-2016.
[84] *La gran explosión*, en inglés.

trata de explicar el hecho constatado de que el universo se está expandiendo ante nuestros ojos. El *big bang* es el momento inicial del universo, que habría tenido lugar hace entre trece y catorce mil millones de años. Veamos en pocas palabras qué es lo que creemos que sucedió.

En el instante inicial de la gran explosión, el universo estaba comprimido a temperatura y presión elevadísimas. Nuestra idea de lo que ocurrió entonces no comienza exactamente en el principio (el *instante cero*). Como se mencionó en el capítulo 2, las teorías físicas de que disponemos no pueden aplicarse antes del tiempo de Planck (10^{-43} segundos). En ese momento, la densidad media del universo era 10^{94} veces mayor que la del agua. El cosmos entero estaba concentrado en un volumen semejante al de un núcleo atómico. Naturalmente, los átomos no existían.

Según la *teoría del universo inflacionario*, debida a Alan Guth y hoy bastante aceptada, la expansión fue al principio mucho más rápida que ahora, pero esa fase sólo duró una fracción de segundo. Poco a poco, a medida que avanzaba la expansión, surgieron partículas elementales, es decir, materia. Primero se formó una sopa de quarks y, cuando éstos se unieron entre sí, protones, neutrones, electrones y neutrinos, junto con sus antipartículas y otras partículas exóticas que surgían y desaparecían continuamente. La densidad era tan alta, que una partícula apenas podía desplazarse un poco sin encontrarse con su antipartícula, aniquilándose mutuamente y convirtiéndose de nuevo en energía.

La expansión continuó. Una milésima de segundo después del principio del universo, el volumen había aumentado hasta tal punto, que los protones y los neutrones ya no podían originarse espontáneamente. A partir de entonces, las componentes de la materia actual quedaron fijas.

A medida que el universo se expansionaba, la presión, la temperatura y la densidad disminuyeron. Un segundo después del *big bang*, la temperatura era de diez mil millones de grados y la densidad media venía a ser igual a la del agua. Un minuto más tarde, la temperatura había bajado a algunos cientos de millones de grados. En ese momento comenzó la fusión de protones y neutrones libres para formar núcleos más complejos: deuterio y helio. En pocos momentos, el veinte por ciento de la materia se transformó en helio, que por ello es el segundo elemento más abundante del universo, después del hidrógeno, cuyo núcleo está formado por una sola partícula atómica (un protón). Las reacciones de producción de helio se detuvieron cuando la temperatura disminuyó por debajo de un millón de grados, tres minutos después de la explosión inicial.

A partir de entonces, y durante bastante tiempo, las cosas apenas cambiaron, hasta que, trescientos ochenta mil años después del origen del cosmos, la temperatura hubo descendido a 3000 grados. En ese momento, los núcleos atómicos pudieron capturar electrones por atracción electrostática, sin perderlos casi inmediatamente. Se formaron entonces átomos neutros y casi toda la materia pasó al estado gaseoso[85]. El cosmos, que hasta entonces había sido opaco, se hizo transparente. En ese momento, el universo en expansión nos dejó el sello de su origen en la radiación cósmica de fondo.

---

[85] Antes estaba en el estado de *plasma*, en el que la luz no puede atravesar la materia.

El universo primitivo no era perfectamente uniforme. Debieron de surgir muy pronto pequeñas heterogeneidades. En las zonas de mayor densidad, el campo gravitatorio las amplificó. El universo adquirió estructura granular y la materia se condensó en grumos, entre los que se extienden inmensos espacios vacíos. Esos grumos son las galaxias primitivas, cuya formación habría tenido lugar unos quinientos millones de años después del origen del universo.

La materia de las galaxias no se distribuyó regularmente en su interior. Aparecieron desigualdades de densidad y nubes de gas; por último, nacieron las estrellas. La expansión del universo se estabilizó y ha continuado así durante trece o catorce mil millones de años. Los mismos fenómenos siguen ocurriendo ante nuestros ojos en nuestra galaxia de la Vía Láctea.

¿Cómo se descubrió que el universo se expande? ¿Cómo se han medido tiempos tan largos como la edad de las galaxias o la del universo? Es curioso que la respuesta a ambas preguntas sea la misma. En 1929, el norteamericano Edwin Powell Hubble descubrió la ley que lleva su nombre: *Cuanto más lejos está una galaxia, más aprisa se aleja de nosotros.* Es decir, el universo se expande. Las galaxias son como los puntos marcados en la superficie de un globo que se infla.

La ley de Hubble puede utilizarse para medir la edad de la luz que nos llega desde objetos muy lejanos. Para ello, basta medir el corrimiento al rojo, por efecto Doppler, del espectro de la galaxia o cuásar de que se trate. Cuanto mayor sea, más lejos se encuentra de nosotros. Conociendo la velocidad de la luz, sabemos cuánto tiempo ha tardado en atravesar esa distancia. En cuanto a la edad del universo, basta extrapolar la ley de Hubble hasta el momento en que la expansión estaba comenzando y todo lo que contiene el universo se encontraba concentrado en un solo punto.

¿Y antes del universo qué?

Después de remontarnos prácticamente hasta el principio del cosmos, ni siquiera aquí nos detenemos. El hombre quiere saberlo todo: la siguiente pregunta era inevitable y muy antigua. ¿De dónde procedemos? ¿Qué ocurrió *antes del principio del universo*? Es probable que esta frase no signifique nada, pues el tiempo, como el espacio, es una propiedad del universo y no tiene por qué existir fuera de él. Dos escuelas intentan responder a esta pregunta:

- Por un lado, los cosmólogos creyentes, que piensan que el universo fue creado por Dios y encuentran apoyo en el argumento del diseño, que fue ideado inicialmente hace bastantes siglos, pero que ha recibido importantes corroboraciones en el siglo XX, al descubrirse que varias de las constantes físicas fundamentales tienen valores críticos para la existencia de la vida: pequeñas variaciones en los valores de esas constantes, tanto en un sentido como en el contrario, habrían dado lugar a un cosmos en el que la existencia de vida fuese imposible.

- Por otro lado, los cosmólogos ateos, que no aceptan un Dios creador y buscan otras formas de salir del *impasse* al que les ha llevado la cosmología del siglo XX. Para ello han ideado teorías como la del *universo estacionario*, de duración infinita, sin principio ni fin, que fue abandonada cuando se descubrió la radiación cósmica de fondo; o el universo *cíclico*, en el que la expansión acabaría deteniéndose por la acción de la gravedad, convirtiéndose en una contracción, cuyo punto final sería la concentración en un punto de todo el universo, seguida por un rebote, un nuevo *big bang* y una nueva fase de expansión. El proceso podría continuar indefinidamente, con lo que la duración del universo podría ser infinita en ambas direcciones. Esta teoría ha perdido peso en años recientes, pues a finales de la década de los noventa se ha descubierto que la expansión del universo no disminuye, sino que, por el contrario, se está acelerando. Otra teoría más moderna es el *multiverso*, que postula la existencia de infinitos universos, en los que los valores de las constantes básicas se combinarían de todas las formas posibles y entre los que al menos uno (el nuestro) tendría una combinación de valores que haría posible la vida. Para explicar la aparición de todos estos universos, se han ideado hipótesis y teorías, como la de *branas* o la *teoría M*, que a menudo se presentan como construcciones científicas, cuando en realidad se trata de elucubraciones matemáticas o metafísicas sin base experimental. Es obvio que no podemos realizar experimentos fuera del universo, y eso es lo que habría que hacer para comprobarlas. Por otra parte, no sólo no se pueden confirmar, sino que tampoco se puede demostrar que sean falsas. Por eso no son científicas[86].

El verdadero motivo por el que muchos cosmólogos dejan correr su imaginación e inventan teorías sobre lo que pudo ocurrir antes del principio del universo no es científico, sino religioso, o quizá sería mejor decir antirreligioso. Durante el siglo XIX, los ateos tuvieron la iniciativa en su disputa con los creyentes, al utilizar el

---

[86] Véase el capítulo 7.

argumento de que jugaba a su favor el principio de la parsimonia, también llamado *navaja de Occam,* uno de los fundamentos básicos del método científico. Dicho principio afirma que, para explicar los fenómenos naturales, no se deben multiplicar innecesariamente las entidades. *¿Por qué invocar la existencia de Dios para explicar el universo* – decían – *si basta con suponer que el universo ha existido siempre? Así se explicaría todo en función de una sola entidad (el universo) en lugar de dos (Dios y el universo).*

Desde mediados del siglo XX, las cosas han cambiado y el ateísmo pasó a la defensiva. Por un lado, se demostró que el universo no ha existido siempre, que tuvo un principio. Por otro, que parece diseñado expresamente para hacer posible nuestra existencia[87]. Las alternativas que buscan los ateos son cada vez más extrañas y menos científicas, y las justifican *porque las matemáticas son correctas,* olvidando que es posible describir universos diferentes y extraños con matemáticas correctas, pero sólo tenemos garantías de la existencia de uno de ellos: el nuestro[88]. Lo más curioso es que, tanto el multiverso, como el universo cíclico, como cualquiera de las teorías que se construyen a su alrededor, son compatibles con la existencia de Dios. Su constatación, si fuese posible, tampoco demostraría nada a ese respecto.

Actualmente, el principio de la parsimonia ha pasado a favorecer a los creyentes. Frente a las dos entidades que postulan los cosmólogos creyentes (Dios y el universo), los ateos se ven ahora obligados a postular la existencia de una infinidad de entidades (los

---

[87] Esta constatación ha recibido el nombre de *principio antrópico.*
[88] He tratado este tema con detalle en *Ciencia irónica: ¿invade la física el terreno de la metafísica?: agujeros negros, paradojas cuánticas, cuerdas cósmicas, universos múltiples*, Religión y Cultura, XLIX:225, p. 379-394, 2003.

infinitos universos del multiverso), aunque intenten disfrazarlo aplicando un solo nombre al conjunto. Es curioso que su reacción usual, cuando esto se constata, sea negar que el principio de la parsimonia deba aplicarse en este caso[89]. Se comportan como jugadores de ventaja que aplican una regla cuando parece ir en su favor, pero la rechazan si ven que les perjudica. Es como si dijesen: *si sale cara gano yo, si sale cruz pierdes tú.*

Con esto, hemos llegado al final del camino. Por el momento, no podemos remontarnos más atrás en nuestros viajes hacia el pasado remoto. Quizá en el futuro se llegue a idear una teoría plausible que unifique la relatividad general con la mecánica cuántica y que nos permita aproximarnos al principio más allá del tiempo de Planck. En cualquier caso, el origen del universo constituye una barrera infranqueable que jamás podremos cruzar. La posible existencia del multiverso es y seguirá siendo cuestión de fe, al mismo nivel que la existencia de Dios y en modo alguno incompatible con ella.

---

[89] Martin J. Rees, *Just Six Numbers : The Deep Forces that Shape the Universe*, Basic Books, 2000.

Manuel Alfonseca

Capítulo 4. El tiempo y el cielo: las estrellas y el destino del hombre

Astrología planetaria

En el capítulo primero vimos que los babilonios clasificaron en dos grupos todos los astros visibles del firmamento: los *planetas* o vagabundos y las estrellas fijas, que parecen moverse al unísono. Al primer grupo pertenecían entonces siete cuerpos celestes: el sol, la luna, Mercurio, Venus, Marte, Júpiter y Saturno. El segundo grupo incluía varios miles de estrellas. Durante el primer milenio antes de Cristo, los conocimientos astronómicos de los babilonios se extendieron a través de oriente medio hasta Grecia y Roma. En el siglo II después de Cristo, el astrónomo helénico Claudio Ptolomeo sistematizó todos los conocimientos astronómicos de su época en un libro, *Mazematiké Syntaxis* que, más conocido por su nombre árabe (*Almagesto*), influyó poderosamente en la ciencia astronómica de las civilizaciones islámica y occidental, manteniendo casi intacta su vigencia durante mil quinientos años.

En Grecia el sol era *Helios* y la luna *Selene*, hijos del titán *Hiperión* y de su hermana *Teia*. La mitología estaba un poco confusa en relación con estos dos astros, pues otra pareja de hermanos, mucho más famosa, tenía también relación con el sol y la luna: *Apolo* y *Artemisa* (la *Diana* romana), hijos de *Zeus* y de *Leto*. Apolo era el dios de la luz, lo que le proporcionaba cierto carácter solar; su hermana, diosa de los bosques umbríos y del mundo subterráneo y oscuro, no pudo evitar quedar asociada a la luna.

Los nombres griegos del sol y de la luna se conservan hoy día en muchos términos técnicos, que suelen basarse en esa lengua. Por ejemplo, en la literatura de ciencia-ficción se acostumbra llamar *selenitas* a los supuestos habitantes de la luna. En el siglo III a. de J.C., el astrónomo griego Aristarco de Samos formuló la teoría de que la Tierra y los cinco planetas giran alrededor del sol. Durante muchos siglos nadie le hizo caso, pero en 1543 Nicolás Copérnico publicó su famoso opúsculo *De Revolutionibus Orbium Coelestium*[90], que resucitó y mejoró la teoría de Aristarco y la impuso definitivamente. Por poner al sol en el centro, esta teoría recibió el nombre de *heliocéntrica* frente a la *geocéntrica*, que pone en el centro a la Tierra[91].

En 1868, el astrónomo francés Pierre Janssen obtuvo por primera vez el espectro de la luz solar durante un eclipse total y encontró en él unas líneas oscuras que no correspondían a ninguno de los elementos entonces conocidos. El astrónomo británico Sir Norman Lockyer dedujo que se trataba de un nuevo elemento y propuso darle el nombre de *helio*, puesto que había sido descubierto en el sol. Tuvieron que pasar veintisiete años antes de que se le encontrara en la Tierra, en burbujas de gas que se desprenden de los minerales de uranio.

---

[90] *De las revoluciones de las órbitas celestes.*
[91] La teoría geocéntrica se llama también *ptolemaica*, por ser Ptolomeo su máximo representante.

En 1798, el químico alemán Martin Heinrich Klaproth aisló un elemento al que llamó *teluro*, en honor de la Tierra[92]. Diecinueve años más tarde, el químico sueco Jöns Jakob, barón de Berzelius descubrió un nuevo elemento en los minerales que contenían teluro y le llamó *selenio*, en honor de la luna, pues se asociaba al elemento de la Tierra como nuestro satélite se asocia a nuestro planeta. El selenio resultó ser un polvo rojizo, negro en grandes masas, sin semejanza alguna con el color plateado de la luna.

Uno de los astros más espectaculares del cielo es el planeta Venus. Es el más brillante después del sol y de la luna. Al ser su órbita interior a la de la Tierra, nunca se aleja mucho del sol, visto desde nuestro planeta: dependiendo de la situación relativa de los tres astros, aparece adelantado o retrasado respecto del sol. En el primer caso, se pone antes que el sol y es invisible por la tarde, pues el brillo del sol no deja verlo, pero sale antes del alba y por lo tanto es visible: es la *estrella de la mañana*. En cambio, cuando va retrasado, se pone pasado el ocaso y es visible por la tarde, pero sale después que el sol y es invisible por la mañana: es la *estrella de la tarde*.

Los antiguos griegos creían que la estrella de la mañana y la de la tarde eran dos astros distintos, y por eso le dieron dos nombres: *Fósforos* y *Hésperos*[93], pero los babilonios sabían lo que estaba ocurriendo, pues habían notado que las estrellas de la

---

[92] Del latín *tellus*, la Tierra.
[93] *Fósforos* significa *portador de luz*, porque Venus parece arrastrar al sol por la mañana. *Hésperos* significa *la tarde*.

mañana y de la tarde no coinciden nunca en el cielo. En efecto, la estrella de la tarde se va aproximando poco a poco al sol, hasta confluir con él y desaparecer. Después se separa por el lado contrario y pasa a ser la estrella de la mañana. Tras alcanzar el máximo adelanto, vuelve a retrasarse lentamente hasta que de nuevo se pierde, al superponerse con el sol. En días sucesivos continúa retrocediendo, aparece como estrella de la tarde, alcanza el máximo retraso y se adelanta otra vez hasta que vuelve a confluir con el sol y desaparece de nuevo. El ciclo completo dura 584 días y se llama *periodo sinódico de Venus*, pues corresponde al tiempo transcurrido entre dos alineaciones sucesivas de la Tierra, Venus y el sol[94].

En el siglo VI a. de J.C., el filósofo griego Pitágoras regresó a Grecia tras sus viajes por Babilonia e informó a sus compatriotas de que los dos astros, Fósforos y Hésperos, eran uno solo, que los babilonios identificaban con su diosa del amor, Ishtar. Era lógico, por lo tanto, que los griegos lo llamaran Afrodita, pero los dos nombres antiguos se conservaron, aplicándose a las dos formas, matutina y vespertina, del planeta. Los romanos tradujeron literalmente a la lengua latina los tres nombres griegos del astro: el planeta pasó a llamarse Venus, diosa romana del amor, nombre que aún conserva; la estrella de la mañana se llamó *Lucifer*, la de la tarde, *Vesper*. Hoy día se le sigue llamando *Véspero*, pero no

---

[94] Recuérdese que, como se vio en el capítulo segundo, el mes lunar sinódico (el ciclo de las fases de la luna) se rige también por las posiciones relativas de la luna, la Tierra y el sol. El ciclo sinódico de Venus corresponde también al ciclo de sus fases, visto desde la Tierra, que fue descubierto por Galileo.

Lucifer, nombre que fue identificado con Satanás debido a una combinación de citas bíblicas: el evangelio de San Lucas (10:18) dice: *Veía yo a Satanás caer del cielo como un rayo*, mientras que Isaías (14:12) pregunta: *¿Cómo caíste del cielo, lucero brillante, hijo de la aurora...?* La frase *lucero brillante* fue traducida al latín como *Lucifer*. Por eso, algunos padres de la Iglesia identificaron ambos nombres.

Mercurio baila alrededor del sol de una forma semejante a la de Venus, pero más aprisa, pues su periodo sinódico es igual a 116 días, cinco veces más corto que el de Venus. Visto desde la Tierra, Mercurio pasa también, como Venus, por las dos fases de estrella de la mañana y de la tarde, pero es difícil observarlo, porque se aparta muy poco del sol y es mucho menos luminoso que Venus. Al principio, los griegos le dieron dos nombres: Hermes por la tarde y Apolo por la mañana, pero cuando notaron que las dos formas de Venus eran idénticas, se dieron cuenta de que con el otro planeta ocurría algo similar y dejaron de utilizar el nombre de Apolo. En cuanto a los romanos, tradujeron Hermes por su dios correspondiente y lo llamaron Mercurio.

Al revés que Mercurio y Venus, Marte, Júpiter y Saturno pueden verse a cualquier altura sobre el horizonte, pues están más lejos del sol que la Tierra y no quedan limitados al papel de estrellas de la mañana y de la tarde.

La relación que existe entre el sol y las estaciones y, por lo tanto, con el éxito o fracaso de las cosechas, fue evidente para los hombres de las civilizaciones más antiguas. La luna también desempeñaba un papel importante, pues la sucesión de sus fases ayudaba a no perder la cuenta y fijar el momento más oportuno para la siembra. Si los dos astros más luminosos del cielo tenían un influjo tan grande en la vida humana, hasta el punto de que de ellos dependía la prosperidad o la muerte por hambre de poblaciones enteras, ¿no tendrían también los demás astros una influencia más sutil? Casi todas las civilizaciones primitivas dieron este paso y la astrología apareció independientemente en Mesopotamia, Egipto, China, la India y las civilizaciones centroamericanas. Su objetivo era el estudio de los astros para predecir el futuro: los periodos de buena o mala suerte; los sucesos catastróficos y las épocas de prosperidad; el éxito de las actividades comerciales y de las guerras emprendidas por los reyes.

La astrología no era la única ciencia dedicada a la adivinación. El análisis de las vísceras de los animales sacrificados tenía también mucha importancia, pues proporcionaba la respuesta directa de los dioses a una pregunta concreta, pero los planetas eran los dioses mismos y sus movimientos debían significar algo. La posición relativa de los siete astros en el momento del nacimiento de un hombre decidía para siempre su carácter y las líneas maestras de su destino. Por eso, los adjetivos correspondientes a algunos de los planetas sufrieron un curioso desplazamiento de significado y pasaron a referirse al carácter de los seres humanos que se creía estaban regidos por cada uno de estos astros. Dicha forma de ser no se extrajo de datos estadísticos obtenidos de poblaciones humanas, como se habría hecho aplicando el método científico moderno, sino que se dedujo del carácter atribuido a cada dios-planeta en los relatos mitológicos en que participaba.

Del mismo modo que lo que se refiere al sol se llama *solar* y lo que tiene que ver con la luna es *lunar*, el adjetivo original de Venus era *venéreo*, que hoy tiene una acepción muy diferente y está relacionado indirectamente con la advocación de Venus como diosa del amor. Ocurre algo parecido con todos los demás planetas conocidos en la antigüedad, en los que el comportamiento del dios se impone al planeta. Así, el adjetivo original correspondiente a Marte es *marcial*, cuyo significado actual recuerda que Marte era el dios de la guerra. El de Júpiter es *jovial*, que hoy se aplica al carácter propio del padre de los dioses: alegre y festivo, pero tranquilo y magnánimo a la vez. El adjetivo de Saturno es *saturnino*, triste y taciturno, como corresponde al más lento de los planetas y al padre destronado de Júpiter-Zeus. Por último, el adjetivo de Mercurio es *mercurial*, que significa voluble, rápido, inteligente: un carácter adecuado para el planeta que se mueve más deprisa en su órbita.

Debido a este desplazamiento de significado, para referirnos directamente a los planetas hemos tenido que inventar adjetivos nuevos. El único que ha arraigado es *marciano*, que corresponde a Marte. Los de Mercurio, Venus y Júpiter (*mercuriano*, *venusiano* y *jupiterino*) se oyen alguna vez, pero son poco utilizados. El primero, ni siquiera figura en el diccionario de Microsoft Office.

La astrología babilonia cumplió un papel importante en la historia de la ciencia, pues los astrólogos estudiaban concienzudamente los cielos para seguir los movimientos de los planetas, y descubrieron leyes y regularidades que aumentaron el conocimiento del hombre sobre el mundo que le rodea e hicieron posible la expansión explosiva de la astronomía occidental a partir del siglo XVI. Sin embargo, el objetivo de su ciencia era erróneo y se basaba más en la mitología que en hechos reales. Por ello, el nombre de la astrología quedó desacreditado y fue sustituido por el menos adecuado de astronomía[95].

La aplicación de la astrología para la predicción de los hechos futuros era muy complicada, pues cada planeta tenía su propia influencia, diferente de la de los demás. Además, las posiciones relativas de los siete astros varían constantemente y forman un número casi ilimitado de combinaciones. Por eso, la profesión de astrólogo estaba reservada a hombres muy eruditos y respetados.

Ahora podemos completar la tabla 1.4, que mostraba la relación entre dioses, planetas, metales y días de la semana, añadiendo los datos mencionados sobre el carácter de la persona dominada por la influencia del planeta correspondiente.

Júpiter era el planeta con influencia más afortunada, *fortuna major*, pues no en vano era el rey de los dioses. Le seguía Venus, *fortuna minor*. En cuanto al sol, tenía una posición extraña.

---

[95] Astrología, en griego, significa estudio de los astros. Astronomía procede del griego nomos, ley y significa leyes de los astros.

Le correspondía el metal más importante, el oro, era también el astro más luminoso, pero las religiones en que se basaba la astrología mesopotámica, griega y romana no tenían carácter solar, como la egipcia, por lo que no podía desempeñar el papel predominante. Al menos, se le atribuía una influencia vagamente afortunada.

La posición de la luna fue siempre ambigua. Nos ayuda con su luz, pero domina el reino de la noche, la oscuridad y el terror. Además, su forma es inconstante. Por eso se le atribuye dominio sobre los vagabundos, no solo los del cuerpo (los viajeros), sino también los de la mente (los locos). De ahí que a éstos se les aplique el adjetivo *lunático*. Según las circunstancias, la luna puede ser benéfica o peligrosa.

Planeta	Metal	Día de la semana	Carácter	Influencia
Saturno	Plomo	Sábado	Saturnino	Desgraciada
Sol	Oro	Domingo	Sensato	Afortunada
Luna	Plata	Lunes	Vagabundo	Ambigua
Marte	Hierro	Martes	Marcial	Desgraciada
Mercurio	Mercurio	Miércoles	Mercurial	Ambigua
Júpiter	Estaño	Jueves	Jovial	Afortunada
Venus	Cobre	Viernes	Amoroso	Afortunada

Tabla 4.1. Asignación a cada planeta de un metal, un carácter humano y un día de la semana.

Mercurio se encuentra en una situación parecida. Como patrón del comercio es beneficioso, pero como inconstante y voluble puede ser peligroso. Mercurio era el mensajero de los dioses y comunicaba a los hombres mensajes y conocimientos divinos, por lo que se le atribuye el patronazgo de las ciencias. Pero no se olvide que también era protector de los ladrones.

Marte es claramente desfavorable, por su carácter guerrero: la guerra siempre ha sido, en todas las épocas, una desgracia para los pueblos. Es, por tanto, *infortuna minor*, porque hay otro aún más desastroso, Saturno, que causa catástrofes, accidentes fatales, la enfermedad y la vejez, la mala suerte en general y que por ello era *infortuna major*.

Astrología estelar

Además de los planetas, estaban las estrellas fijas, de las que se podían distinguir a simple vista unas dos mil. Como todas se movían aparentemente al unísono, era lógico suponer que se encontraban ligadas a una superficie transparente y que todas estaban situadas a la misma distancia de la Tierra, aunque esta separación se suponía enorme. Claudio Ptolomeo escribe lo siguiente en el libro I, capítulo 5 de su *Almagesto*: *En relación con la distancia de las estrellas fijas, la Tierra no tiene tamaño apreciable y debe tratársela como un punto matemático*. En el siglo III antes de Cristo, Arquímedes de Siracusa, basándose en trabajos de Aristarco de Samos, calculó dicha distancia en unos cincuenta billones de estadios. Un estadio es una medida griega de longitud equivalente a 228,90 metros, por lo que el radio de la esfera de las estrellas fijas, según el cálculo de Arquímedes, vendría a medir unos once billones de kilómetros: algo más de un año-luz[96]. Por supuesto, se quedó corto, pues hoy sabemos que la estrella más próxima[97] dista de nosotros más de cuarenta billones de kilómetros, pero la aproximación es asombrosa para una astronomía basada únicamente en observaciones a simple vista.

Las estrellas no se distribuyen por igual en el firmamento: vistas desde la Tierra, se agrupan en algunas regiones del cielo y dejan otras casi vacías. La imaginación humana no tardó en ver dibujos más o menos fantasiosos en los cielos, que se llamaron *constelaciones*. Algunas corresponden a figuras mitológicas, héroes como Hércules, a quien veían blandiendo su porra y enfrentándose a la hidra de Lerna (el dragón); o como los gemelos dioscuros, Cástor y Pólux, hijos de Leda y hermanos de Clitemnestra y Helena de Troya; o el gigante Orión, acompañado de su perra (el can mayor), que se enfrenta a un toro furioso mientras huye del escorpión que le dio muerte en la Tierra. Por eso, cuando el escorpión se alza por el horizonte del este, Orión se apresura a desaparecer por el oeste.

También está Perseo, que sostiene la cabeza de la Medusa, una estrella sorprendente por sus guiños o cambios de intensidad luminosa, a la que los árabes llamaron *Algol*, que quiere decir *el demonio*. Perseo no llegó solo a los cielos: le acompañan su caballo volador Pegaso, su esposa Andrómeda y los padres de ésta,

---

[96] Un año-luz es la distancia que recorre la luz en un año: 9,460,528,405,370 kilómetros.
[97] *Proxima centauro*, una de las tres que forman la estrella triple *alfa-centauro*. Está a una distancia de 4,27 años-luz.

Cefeo y Casiopea. Otras constelaciones representan figuras desprovistas de significado mitológico. Hay un cisne, un águila, un hombre vaciando un cántaro de agua, una doncella con una espiga en la mano.

En su movimiento aparente a través del cielo, a lo largo del año, el sol pasa sucesivamente por varias de estas constelaciones, realizando un círculo completo en poco más de 365 días. También la luna y los planetas, que se mueven más o menos en el mismo plano, atraviesan las mismas constelaciones en sus desplazamientos respecto al fondo de las estrellas fijas. El número de estas constelaciones es precisamente igual a doce, lo que quiere decir que el sol pasa en cada una de ellas aproximadamente un mes. ¿Es esto una coincidencia, o se trata de una muestra de la inmensa coherencia de los cielos, como afirman los astrólogos?

Nada de eso. La distribución de las estrellas en constelaciones es absolutamente arbitraria. Aunque unas pocas, como el escorpión, recuerdan vagamente las figuras que se dice representan, en la mayor parte de los casos es casi imposible reconocerlas, excepto con un gran esfuerzo de la imaginación. Lo que en realidad ocurrió es que los astrólogos de la antigüedad insistieron en que el número de constelaciones por las que tenía que pasar el sol fuese precisamente doce, pues hay doce meses en un año. Es decir, primero las dividieron en doce grupos de tamaño más o menos equivalente, y después imaginaron las figuras que representaban:

- Un carnero: cuatro estrellas poco brillantes dispuestas en línea curva, que se supone representa un cuerno del animal.
- Un toro: el que está cazando Orión, del que tan sólo se ve la cabeza, formada por cinco estrellas en línea recta, y los dos cuernos, unas pocas estrellas más.
- Los gemelos: dos estrellas brillantes, Cástor y Pólux, de los que ya hemos hablado.
- Un cangrejo: media docena de estrellas que forman un ángulo.
- Un león: una de las pocas constelaciones que sí recuerdan vagamente su advocación.
- Una joven con una espiga en la mano: un grupo de estrellas en forma de Y.
- Una balanza: un cuadrilátero de estrellas poco brillantes.
- Un escorpión: una larga sucesión de estrellas que recuerda la cola enroscada de este arácnido.
- Un centauro disparando flechas.
- Un cuerno de cabra, bastante ancho, por cierto.
- Un hombre derramando un cántaro de agua: parece mentira que con una docena de puntos luminosos pueda imaginarse una figura tan compleja.
- Por último, un par de peces muy estilizados.

Como los animales predominan en este grupo de constelaciones, más conocidas por sus nombres latinos[98], el conjunto de las doce[99] se llamó Zodíaco: *el pequeño zoo*. Su presencia proporcionó a los astrólogos una ampliación bienvenida al complejo de configuraciones de los planetas de que ya disponían, porque, cuando Júpiter y Marte (por ejemplo) se acercaban mucho entre sí (estaban en *conjunción*, vistos desde la Tierra, aunque en realidad les separasen millones de kilómetros), se producía un hecho significativo desde el punto de vista astrológico, que podía utilizarse para predecir sucesos futuros, pero la existencia de las doce constelaciones del zodíaco hacía posible complicar indefinidamente la situación: no era lo mismo que la confluencia tuviera lugar en Aries o en Leo. A cada combinación se le asignaba un significado muy distinto.

Puesto que el sol era uno de los planetas (el más importante para nosotros, ya que nos permite vivir con su luz y su calor), su posición en relación con el zodíaco tenía que tener sentido. En particular, se supuso que el carácter de una persona quedaba fijado en parte por la constelación que atravesaba el sol en el momento de su nacimiento. Para fijar las propiedades de dicho carácter, los astrólogos se basaban en las cualidades del animal o figura representado por la constelación, olvidando que se trata de dibujos imaginativos arbitrarios creados por el hombre y atribuyéndoles un significado esotérico y divino. Por ejemplo, si un hombre nacía

---

[98] *Aries, Taurus, Gemini, Cancer, Leo, Virgo, Libra, Scorpio, Sagittarius, Capricornus, Acuarius, Pisces.*
[99] En realidad, deberían ser trece, pues en su recorrido aparente por el cielo el sol atraviesa también una parte de la constelación de Ofiuco. Sin embargo, la importancia del número 12 (y la mala suerte asociada al 13) movieron a los astrólogos a ignorar este hecho.

durante el paso del sol por la constelación del toro, estaba destinado a asemejarse a este animal en su modo de ser y en su comportamiento: sería noble, fuerte y temerario. No se llevará bien con otra persona cuyo nacimiento haya tenido lugar cuando el sol pasó por el león, pues sus *animales totémicos* (por llamarlos de alguna manera) son enemigos irreconciliables.

Lo realmente incomprensible es que aún existan crédulos capaces de creer esta sarta de tonterías, pues apenas hay una publicación periódica que no incluya la consabida sección de astrología. Pero la arbitrariedad e insensatez de las teorías astrológicas llega mucho más lejos, como veremos más adelante en este mismo capítulo.

El tiempo y los planetas

Durante la edad media, los conocimientos astronómicos europeos permanecieron a un nivel equivalente al del Almagesto. Es verdad que la astronomía floreció en el Islam, y que algunos de sus descubrimientos llegaron a Occidente a través de la frontera española entre ambas civilizaciones, como demuestra el hecho de que muchas estrellas tienen en la actualidad nombres de origen árabe. Pero, en conjunto, no se produjo ningún hallazgo revolucionario.

La situación cambió a partir del siglo XVI. Primero fue la teoría de Copérnico, que sacó a la Tierra del centro geométrico del universo. Después vino la invención por accidente del telescopio por el holandés Lippershey, fabricante de gafas, al combinar dos de las lentes con las que trabajaba. Bastó dotar de este instrumento a un hombre de genio, Galileo Galilei, para que los descubrimientos científicos sobre los cielos se multiplicaran. Galileo utilizó el telescopio que construyó para estudiar los astros más próximos y fue el primero en observar las montañas de la luna, los satélites de Júpiter, los discos de los planetas, las fases de Venus y Mercurio, y las innumerables estrellas que componen la Vía Láctea.

A partir de entonces, el progreso astronómico no se ha detenido. El sistema solar se ha multiplicado enormemente: alrededor del sol giran ocho planetas, dos de ellos desconocidos en la antigüedad (Urano y Neptuno), a más de innumerables astros menores. Todos los planetas, excepto Mercurio y Venus, están acompañados por uno o más satélites. Cada uno tiene su propio periodo de revolución alrededor del sol (su año sidéreo) y su propio ciclo de rotación alrededor de su eje (su día solar o su día sidéreo, según se tome como punto de referencia el sol o una estrella fija). En algunos casos, el descubrimiento de estos periodos ha sido reciente y sorprendente.

Veamos, por ejemplo, el caso de Mercurio. Visto a través de un telescopio, está tan cerca del sol que es casi imposible distinguir nada en su superficie. Sin un punto de referencia, como una montaña u otro accidente del terreno, no se pudo calcular su periodo de rotación (la duración de su día). Se supuso que la atracción del sol, mucho más intensa que en nuestro planeta, por estar Mercurio más cerca y ser muy pequeño, habría tenido un efecto semejante al de la Tierra sobre la luna, a saber, detener la rotación de Mercurio, visto desde el sol, de modo que el planeta le presentaría siempre la misma cara. En tal caso, su día solar tendría duración infinita, pues en una parte del astro reinaría un día eterno, mientras en la opuesta sería siempre de noche.

En cambio, visto desde una estrella fija, Mercurio iría presentando sucesivamente distintos puntos de su superficie al girar alrededor del sol. Su día sidéreo sería, por tanto, idéntico en duración a su periodo de revolución (el año sidéreo de Mercurio), unos 88 días terrestres. Este valor se admitió sin discusión durante décadas.

Sin embargo, era falso, como se descubrió en 1965. En esa fecha, la tecnología del radar se había perfeccionado hasta el punto de que fue posible dirigir haces de microondas hacia el planeta Mercurio y detectar el eco reflejado mediante un radiotelescopio. De las características de las ondas reflejadas se podía deducir si el cuerpo rotaba o no y cuál era su velocidad. Se descubrió que el día solar de Mercurio no es infinito, sino igual a unos 176 días terrestres, exactamente el doble de su año sidéreo. Tenemos en este astro el caso curioso de un planeta cuyo año dura medio día.

Además de esto, la órbita de Mercurio es la más excéntrica de los ocho planetas del sistema solar: su distancia mínima al sol es bastante más pequeña que la máxima. De acuerdo con la segunda ley de Kepler, Mercurio se mueve más deprisa en su órbita alrededor del sol cuando está más cerca, más despacio cuando está más lejos. Sin embargo, la velocidad de rotación alrededor de su eje es constante. Como resultado de la combinación de ambos efectos, el movimiento aparente del sol, visto desde Mercurio, es muy irregular. Al cabo de dos años de Mercurio, el sol recorre una circunferencia de este a oeste, como en la Tierra, pero en lugar de moverse de forma más o menos continua, como lo vemos nosotros, a veces se detiene y retrocede hacia el este durante algún tiempo, para volver a invertir la dirección de su movimiento y continuar hacia el oeste. Desde algunos puntos de la superficie de Mercurio, es posible ver salir el sol dos veces al día, es decir, dos veces cada dos años de Mercurio. Después de ascender hasta cierta altura sobre el horizonte, retrocede y se oculta en el mismo punto por donde salió, para aparecer de nuevo más tarde y continuar sin interrupción su movimiento normal, de este a oeste, hasta su ocaso, un año después. Tras desaparecer, de nuevo vuelve hacia atrás, marchando algún tiempo hacia el este y ascendiendo de nuevo sobre el horizonte occidental, después de lo cual marcha de nuevo hacia el oeste y se pone por segunda vez, desapareciendo definitivamente hasta su próximo amanecer, un año mercuriano más tarde.

El caso de Venus es parecido al de Mercurio, pues la atmósfera de este planeta está cubierta por una densa capa de nubes que no deja penetrar la luz del sol y que tampoco permitió descubrir puntos de referencia para calcular su velocidad de rotación. En 1964 se utilizó el radar para medirla, pues las microondas atraviesan las nubes con facilidad, y pudo calcularse que el día solar de Venus dura unos 117 días terrestres. Como el planeta tarda poco menos de 225 días en girar alrededor del sol, el año de Venus dura 1,92 días de Venus, es decir, un poco menos de dos días.

La excentricidad de la órbita de Venus es la más pequeña entre todos los planetas (su órbita es casi circular), por lo que no se producen en su caso los extraños movimientos aparentes del sol que serían visibles para quien estuviese situado sobre la superficie de Mercurio. Sin embargo, Venus gira en sentido contrario al de la mayor parte de sus compañeros, incluida la Tierra. En consecuencia, el sol sale por el oeste (o saldría, si desapareciera la cubierta de nubes) y se pone por el este.

La tabla 4.2 muestra la duración del año sidéreo, el día solar medio y el día sidéreo para cada uno de los planetas de nuestro sistema. La unidad de medida utilizada en todos los casos es el día solar medio terrestre.

Planeta	Año sidéreo	Día solar	Día sidéreo
Mercurio	87,969	175,93	58,65
Venus	224,7	116,96	243,92
Tierra	365,256	1,00	0,997
Marte	686,98	1,03	1,026
Júpiter	4332,4	0,41	0,41
Saturno	10759,3	0,42	0,426
Urano	30684,5	0,75	0,75
Neptuno	60188,3	0,67	0,66

Tabla 4.2. Año sidéreo, día solar y día sidéreo de los planetas del sistema solar, medidos en días solares terrestres.

La tabla 4.3 muestra la duración del año sidéreo de cada planeta, medido en sus propios días solares medios: el año sidéreo de Venus, en días solares de Venus; el de Júpiter, en días solares de Júpiter, etcétera.

Planeta	Año sidéreo
Mercurio	0,5
Venus	1,92
Tierra	365,256
Marte	666,97
Júpiter	10566,83
Saturno	25617,38
Urano	40912,67
Neptuno	89833,28

Tabla 4.3. Año sidéreo de los planetas del sistema solar, medidos en días solares propios.

Las cifras anteriores dan una muestra de la gran variedad del sistema solar, que contiene planetas de revolución rápida y de rotación lenta, como Mercurio, cuyo año dura medio día, y otros de revolución lenta y rotación rápida, como Neptuno, cuyo año contiene casi cien mil días. El día más corto es el de Júpiter: 9 horas y 51 minutos. El más largo es el de Mercurio: casi medio año de los nuestros. Hay también un planeta, Marte, cuyo día es casi exactamente igual al nuestro: 24 horas y 37 minutos, pero su año dura casi el doble que el terrestre.

Otro ciclo planetario interesante es el periodo sinódico, el tiempo que transcurre entre dos alineaciones sucesivas del sol, la Tierra y el astro de que se trate. En el caso de Venus, por ejemplo, este ciclo es muy superior a un año: si se parte de una alineación de los tres astros, cuando la Tierra ha dado una vuelta completa alrededor del sol y vuelve a encontrarse en el mismo lugar, Venus habrá dado más de una revolución, puesto que su año es más corto, por estar más cerca del sol. La Tierra se ha retrasado, y los tres cuerpos celestes no volverán a alinearse hasta que Venus nos alcance, en cuyo momento habrá dado una vuelta más que nosotros. Con los planetas exteriores, como Marte, las cosas son diferentes. En este caso, la Tierra es más rápida y es ella la que ha de ganar una vuelta en el momento de la próxima alineación. En cualquier caso, los ciclos sinódicos son siempre mayores que un año terrestre para los planetas más alejados del sol que la Tierra. La tabla 4.4 los presenta, expresados en días terrestres.

Planeta	Ciclo sinódico
Mercurio	115,91
Venus	583,93
Marte	779,33
Júpiter	398,88
Saturno	378,09
Urano	369,65
Neptuno	367,48

Tabla 4.4. Ciclo sinódico de los planetas del sistema solar, medido en días solares terrestres.

Obsérvese que los planetas más alejados se desplazan tan despacio que apenas se han movido cuando la Tierra ha dado una vuelta completa. Por eso los alcanzamos en pocos días y vuelven a estar alineados con nosotros en algo más de un año. En cambio, Marte y Venus, que están tan cerca, se mueven con velocidades comparables a la nuestra y son necesarios unos dos años para que alcancemos a Marte o para que Venus nos adelante. Mercurio es tan rápido, que nos adelanta mientras la Tierra sólo ha podido dar una fracción de vuelta.

El tiempo y las estrellas

El aspecto del cielo no es permanente, le afecta el paso del tiempo. A lo largo del año, el sol se va desplazando con relación a las estrellas fijas. Por eso, en cada estación, las constelaciones que vemos por la noche son distintas. Las hay de invierno (como Orión y el toro) y de verano (como el escorpión y el cisne). Cuando el sol, en su desplazamiento aparente anual, pasa por una constelación, ésta es invisible, pues la luz del sol no nos deja verla. En ese momento, las constelaciones situadas en puntos diametralmente opuestos de la esfera celeste aparecen más altas a medianoche y son bien visibles. Unas pocas, situadas en las proximidades de los polos, permanecen perpetuamente sobre el horizonte y son visibles durante todo el año, aunque en posiciones que cambian con la estación. Tal ocurre, por ejemplo, con la osa mayor y la menor en las latitudes del norte, o con la cruz del sur y el centauro en las del sur.

Esto significa que no siempre vemos las mismas estrellas brillantes. ¿Cuáles son estas estrellas y cómo se mide su luminosidad? Para responder a esta pregunta, hay que distinguir dos medidas diferentes del brillo de las estrellas: su luminosidad aparente y la real. Vista desde la Tierra, una estrella no muy brillante, pero cercana, parecerá más luminosa que otra muy brillante, pero muy alejada de nosotros. Se sabe que la intensidad lumínica que se recibe de una fuente de luz disminuye en razón inversa del cuadrado de la distancia. Por lo tanto, estrellas de luminosidad real muy alta pueden aparecer como puntos apenas visibles.

Veamos un ejemplo: tres de las estrellas más brillantes del cielo son Vega (de la constelación de la lira), Deneb (del cisne) y Altaír (del águila). Son visibles especialmente en los meses de verano y forman un triángulo muy fácil de localizar, por lo que se le llama el *triángulo estival*. A simple vista, Vega parece la más brillante, seguida por Altaír y por Deneb, pero esto es sólo aparente: en realidad, Deneb es una estrella gigante, que emite 50,000 veces más luz que Vega, pero esa luz queda amortiguada por la distancia y parece menos luminosa[100].

Hablemos de la luminosidad aparente: en el siglo II a. de J.C., el astrónomo griego Hiparco de Nicea clasificó las estrellas

---

[100] Vega está a 26 años-luz de nosotros, Deneb a 3000.

visibles en seis grupos diferentes, según su brillo. Las veinte más luminosas las llamó de *primera magnitud*, las siguientes de *segunda magnitud*, para terminar con las menos luminosas, apenas visibles a simple vista, las de *sexta magnitud*. Más tarde, en el siglo XIX, el físico alemán Carl August von Steinheil inventó el *fotómetro estelar*, un instrumento que permite medir con exactitud la luminosidad aparente de las estrellas, y modificó la clasificación de Hiparco, introduciendo magnitudes fraccionarias y extendiéndola en ambas direcciones, pues el telescopio permite observar estrellas invisibles a simple vista. En esta nueva clasificación, mejorada por el astrónomo inglés Norman Robert Pogson, la magnitud de una estrella muy brillante puede ser negativa. En particular, el brillo aparente del sol se mide con la magnitud -26,9, mientras que el de la luna llena tiene la magnitud -12,6. La tabla 4.5 presenta los datos de luminosidad aparente y la distancia a la Tierra (medida en años-luz) de las diez estrellas más luminosas del cielo.

De Sirio, la estrella más brillante después del sol, vista desde la Tierra, hablamos en el capítulo primero, en relación con el calendario egipcio. Esta estrella pertenece a la constelación del Can Mayor, la perra del cazador Orión, que le acompaña en su viaje a través de los cielos. Es tan luminosa, que los antiguos creían equivocadamente que daba calor a la Tierra. Cuando su luz se superpone a la del sol (cuando el sol pasa por las proximidades de la constelación del Can Mayor, lo que ocurre en verano), dicho calor se sumaría al que normalmente recibimos del sol, provocando a su juicio los rigores caniculares. La palabra *canícula*, que tiene origen latino y significa *perrita*, hace referencia, precisamente, a esta constelación.

Estrella	Constelación	Magnitud	Distancia
Sirio	Can mayor	-1,47	8,7
Canopus	Quilla	-0,71	300
Rigelkent	Centauro (α)	-0,27	4,37
Arcturus	Boyero	-0,06	36
Vega	Lira	0,03	26
Rigel	Orión	0,08	850
Capella	Auriga	0,09	45
Procíon	Can menor	0,34	11
Achernar	Erídano	0,49	75
Hadar	Centauro (β)	0,61	300

Tabla 4.5. Las diez estrellas más brillantes del cielo, después del sol.

No todas las estrellas son iguales. Los astrónomos las clasifican en siete grupos principales que se diferencian entre sí por su masa, su luminosidad y su lapso de vida. Porque las estrellas, como si fuesen seres vivos, tienen una duración. Una estrella nace cuando una nube de gas y polvo se condensa por efecto de su propia atracción gravitatoria, hasta que el aumento de presión y temperatura provoca la aparición de reacciones de fusión nuclear en la masa de hidrógeno y helio que las compone en proporción abrumadora. Durante mucho tiempo, que depende del tamaño de la estrella, ésta permanece en estado casi estacionario, pues la energía producida por las reacciones nucleares tiende a expandirla, mientras la gravedad tiende a colapsarla. Se dice entonces que la estrella se encuentra en la *secuencia principal*. La tabla 4.6 muestra los siete grupos en que se clasifican estas estrellas.

Clase estelar	Nombre	Masa	Luminosidad	Vida media	Temperatura
O	Supergigante azul	Más de 16	Más de 6000	Menos de 10	Más de 25000
B	Gigante azul	3 a 16	60 a 6000	10 a 500	15000 a 25000
A	Blanca	1,75 a 3	6 a 60	500 a 2000	10000 a 15000
F	Amarilla	1,05 a 1,75	1,3 a 6	2000 a 10000	6000 a 10000
G	Enana amarilla	0,80 a 1,05	0,4 a 1,3	10000-20000	4000 a 6000
K	Enana roja	0,48 a 0,80	0,02 a 0,4	20000-75000	3000 a 4000
M	Enana roja	< 0,48	< 0,02	> 75000	< 3000

Tabla 4.6. Las siete clases estelares y sus características. La masa y la luminosidad se miden con relación al sol (sol = 1). La vida media está en millones de años. La temperatura en grados centígrados.

Es curioso observar que las estrellas de más masa duran menos que las de masa inferior. Esto se debe a que, aunque disponen de más hidrógeno para realizar reacciones nucleares, se ven obligadas a consumirlo mucho más deprisa para detener el colapso a que les empuja una gravedad más grande. Las estrellas gigantes son muy escasas (del orden del 1 por mil en nuestra galaxia). El sol es una estrella del tipo G (una enana amarilla), cuya clase constituye el 9 por ciento del total. Las más frecuentes son las enanas rojas de los tipos K y M, de menor masa y más longevas, que son el 87 por ciento de las estrellas.

Cuando una estrella de la secuencia principal agota el hidrógeno que sostiene las reacciones nucleares de fusión, el colapso gravitatorio se reanuda, hasta que la temperatura de su núcleo alcanza el nivel necesario para que comience a fusionarse el helio. Entonces la estrella se hincha enormemente, transformándose en una gigante roja. Su destino final, al que se llega cuando también se agota el helio, depende de su masa: las estrellas del tamaño del sol se transforman en enanas blancas; las más grandes sufren una explosión catastrófica (se convierten en supernovas) y acaban reducidas a estrellas de neutrones (púlsares) o agujeros negros, formados por materia totalmente colapsada.

La posición del sol con relación a las estrellas no se mantiene constante a lo largo de los siglos. La Tierra, al girar a su alrededor, oscila lentamente. El eje de la Tierra no es perpendicular al plano del movimiento de revolución (la *eclíptica*), pues se desvía de dicha posición 23 grados y 27 minutos de arco. Igual que una peonza en movimiento oscila lentamente alrededor de la vertical, si su eje está algo inclinado, el eje de la Tierra describe sobre la esfera celeste un círculo alrededor del polo norte de la eclíptica, en el sentido opuesto a las agujas de un reloj. Como consecuencia de este movimiento, extremadamente lento, la posición del punto del equinoccio va cambiando y da una vuelta completa alrededor del zodíaco en 25,760 años. Por esta razón, la oscilación del eje de la Tierra se denomina *precesión de los equinoccios*.

El sol se encuentra en la actualidad en la constelación de los Peces el día 21 de marzo. Pues bien: dentro de 25,760 años volverá a estar en la misma posición en esa fecha, pero a lo largo de esos casi 26 milenios irá pasando progresivamente por las doce constelaciones. Suponiendo que las constelaciones del zodíaco dividiesen el círculo en doce partes iguales (lo que no ocurre), el punto del equinoccio iría pasando de constelación en constelación, a razón de una cada 2147 años. Dentro de ese tiempo, el día 21 de marzo el sol estará en Acuario. Dentro de 4294 años, estará en Capricornio. Y así sucesivamente. Al preparar sus horóscopos, los astrólogos dividen el círculo zodiacal en doce partes iguales, sin tener en cuenta la diferencia de tamaño de las diversas constelaciones, y las distribuyen de acuerdo con la segunda y tercera columnas de la tabla 4.7.

Constelación	Influencia siglo I a.J.C.		Influencia año 2000 A.D.	
Aries	21 de marzo	20 de abril	18 de abril	18 de mayo
Taurus	21 de abril	21 de mayo	19 de mayo	18 de junio
Gemini	22 de mayo	21 de junio	19 de junio	19 de julio
Cancer	22 de junio	22 de julio	20 de julio	19 de agosto
Leo	23 de julio	23 de agosto	20 de agosto	20 de septiembre
Virgo	24 de agosto	22 de septiembre	21 de septiembre	20 de octubre
Libra	23 de septiembre	23 de octubre	21 de octubre	20 de noviembre
Scorpio	24 de octubre	22 de noviembre	21 de noviembre	20 de diciembre
Sagittarius	23 de noviembre	21 de diciembre	21 de diciembre	18 de enero
Capricornus	22 de diciembre	20 de enero	19 de enero	17 de febrero
Acuarius	21 de enero	18 de febrero	18 de febrero	18 de marzo
Pisces	19 de febrero	20 de marzo	19 de marzo	17 de abril

Tabla 4.7. Distribución del año entre las constelaciones del zodíaco en el siglo I a. de J.C. y en la actualidad.

Esta tabla fue compuesta por los astrólogos griegos en el siglo I antes de Cristo. Desde entonces han pasado más de dos mil años y la precesión de los equinoccios ha desplazado la posición del sol respecto al zodíaco aproximadamente el ancho de una constelación. Esto significa que hoy el sol entra en Aries hacia el 18 de abril, en lugar del 21 de marzo, fecha del equinoccio. Si se tiene en cuenta ese desplazamiento y se ignora (como los astrólogos) el ancho diferente de las constelaciones, se obtendrán las columnas cuarta y quinta de la tabla 4.7, que muestran las posiciones del sol con respecto al zodíaco en la actualidad.

¿Acaso los astrólogos han hecho esta corrección? En absoluto. Siguen aferrados a las tablas de influencia del siglo I antes de Cristo y las aplican como si tal cosa. Conocen la precesión de los equinoccios y su efecto, pero aducen que ellos no se rigen por las constelaciones reales, sino por otras ficticias que no cambian (las llaman *signos*), que casualmente coincidían con las reales en el siglo I antes de Cristo, cuando los astrólogos griegos realizaron sus cálculos. Al decir esto se contradicen, pues también sostienen que las configuraciones de las estrellas y los planetas influyen sobre el destino de los hombres, cuando en realidad no se trata de las estrellas reales, sino de unos símbolos cabalísticos imaginarios que se desplazan respecto a ellas.

Resumiendo: los astrólogos actuales y sus horóscopos sostienen que los astros (planetas y constelaciones) influyen en nuestro carácter y nuestra vida, pero luego realizan las siguientes correcciones, que convierten en absurda la afirmación anterior:

- Dividen el zodíaco en doce constelaciones, cuando en realidad el sol pasa por trece.

- Suponen que el sol pasa el mismo tiempo en cada constelación, cuando en realidad tienen tamaños muy diferentes.
- No importa la relación actual del sol con las constelaciones, sino la que tenían en el siglo I antes de Cristo.

De todos modos, los astrólogos han aprovechado la precesión de los equinoccios para sus propios fines. A principios del siglo I antes de Cristo el sol pasaba por el equinoccio en la constelación de Aries, pero pocos años después (más o menos coincidiendo con el comienzo de la era cristiana) el sol entró en Aries el 22 de marzo y el equinoccio pasó a la constelación de Pisces. Se dijo entonces que comenzaba una nueva era histórica (la era de Pisces). Hoy, pasados casi dos mil años, nos acercamos a otro cambio de constelación. De acuerdo con los cálculos de los astrólogos, entraremos en la era de Acuario en el año 2049. Según ellos, a partir de esa fecha el punto del equinoccio caerá dentro de esa constelación[101]. Como la representación tradicional de Acuario es un hombre derramando agua de un cántaro, ¡deducen que la era de Acuario será un tiempo lleno de bendiciones que nos lloverán del cielo!

Para terminar este capítulo, mencionemos otra causa de que el aspecto del cielo cambie a lo largo de los siglos. Las estrellas

---

[101] En realidad, también este cálculo es erróneo. Debido a que Acuario es una de las constelaciones más pequeñas, el sol no entrará en ella en el equinoccio hasta el año 2660.

que forman una constelación no están asociadas realmente entre sí: se encuentran en la misma zona de la esfera celeste, pero unas más cerca, otras más lejos. El espacio es tridimensional, pero al mirar al cielo proyectamos inconscientemente lo que vemos sobre una superficie esférica y obtenemos una imagen en dos dimensiones. Cada estrella se mueve en diferente dirección y a distinta velocidad respecto a nosotros. Están tan lejos, que estos movimientos no se aprecian durante una vida humana, pero a lo largo de los milenios cambian significativamente de posición. Súmese a esto que las estrellas más lejanas parecen moverse en apariencia más despacio que las más próximas, y se comprenderá que la forma de las constelaciones varía lentamente con el tiempo. Dentro de unos 20,000 años, el carro de la osa mayor se habrá enderezado y la constelación será irreconocible para el hombre actual.

Manuel Alfonseca

Capítulo 5. El tiempo y la vida

La relación entre el tiempo y la vida es muy estrecha: los seres vivos viven en el tiempo. La definición tradicional de ser vivo, *un ente que nace, crece, se nutre, se reproduce y muere* no hace otra cosa que describir la historia personal de cada uno de los organismos vivientes que pueblan la Tierra y que han existido en ella desde su origen. Definimos un ser vivo describiendo cómo le afecta el transcurso del tiempo.

Dentro de esta línea y llevándola hasta el extremo, se encuadra la opinión del filósofo francés Henri Bergson, para quien el tiempo no puede definirse en relación con los seres inertes: *Un grupo de elementos que ha pasado por un estado puede siempre volver a él... en consecuencia, el grupo no envejece. Carece de historia*[102]. Volveremos sobre esto en el capítulo 7.

Un ser vivo nace cuando comienza a existir como individuo organizado, diferente de su ambiente, y muere cuando se disgrega, se desorganiza, pierde su individualidad y se funde, por decirlo así, con el entorno que le rodea. Es evidente que todos los seres vivos nacen, pues hace 4600 millones de años, cuando se formó la Tierra, no existía la vida. Todos los habitantes de nuestro planeta, presentes o pasados, tuvieron, pues, principio. La cuestión de la

---

[102] *L'evolution creatrice*, 1907.

muerte parece un poco más dudosa. ¿Mueren todos los seres vivos, o bien algunos son inmortales?

La verdad es que ningún ser vivo vive indefinidamente. Más pronto o más tarde llega su fin. Sucede que, para algunos, el fin no consiste en la disgregación y la desintegración, sino en la división en dos individualidades diferentes. Cuando una estrella de mar pierde un brazo, el muñón crece y regenera el miembro perdido. Hasta aquí todo es normal y comprensible, pero el brazo desprendido también crece y se desarrolla hasta convertirse en otra estrella de mar completa. Donde al principio había un sólo individuo, ahora hay dos. ¿De dónde ha salido este nuevo ser viviente? ¿Cuál de las dos estrellas de mar es la misma que la original? ¿Tiene sentido hacer estas preguntas?

Entre las dos estrellas de mar, la tendencia natural nos llevaría a identificar el individuo original con el que haya surgido del trozo más grande. Otras veces, la cosa no está tan clara. Si se divide en dos partes iguales una hidra de agua dulce, cada mitad regenera un individuo completo. ¿Cuál es el original y cuál la copia? Temo que no haya respuesta.

En el reino vegetal, la reproducción por esquejes nos da otro ejemplo de división de la individualidad y de la inmortalidad potencial de los seres vivos. En el reino de los seres unicelulares o protistos, la reproducción por bipartición o división en dos es la norma y no la excepción. Cuando han alcanzado el máximo crecimiento, las células se dividen en dos. Este proceso se mantiene indefinidamente, sin que se llegue a una muerte biológica propiamente dicha, salvo que algún individuo sea víctima de un accidente o presa de un predador.

¿Cuánto tiempo viven los seres vivos?

Definiremos la duración de la vida de un individuo, cualquiera que sea el reino o la especie a la que pertenezca, como el lapso de tiempo que transcurre entre su nacimiento (su aparición como tal individuo) y su desaparición, ya sea por la muerte o por la división de su cuerpo en dos seres vivos nuevos y distintos. En el caso de los seres unicelulares, esta duración, así definida, suele denominarse *ciclo vital*.

Evidentemente, cada especie tiene su lapso de vida típico. Por otra parte, el concepto de *duración de la vida* es ambiguo. Es preciso especificarlo más. Para cada especie, podemos hablar de la *duración media de la vida*, que se define como la media aritmética de la duración de la vida de todos los individuos que pertenecen a esa especie. Podemos hablar también de la *duración máxima de la vida*, que se define como la duración de la vida del individuo más longevo que pertenece a esa especie del que tengamos noticia. Por último, refiriéndonos a los animales, se habla también de la *duración de la vida en el ambiente natural* o *en cautividad*. Cada una de éstas puede ser, a su vez, media o máxima. Para muchos animales, la vida en cautividad es bastante más larga que la vida en libertad, pues están bien alimentados, protegidos contra los predadores, y se les cuida en caso de enfermedad. Sin embargo, algunas especies se adaptan mal a la cautividad, (dicho de otro modo, no sabemos atenderles como es debido), y en esos casos su vida en tales condiciones es más breve.

La cosa se complica en el caso de seres vivos capaces de pasar un tiempo más o menos largo en estado de vida latente. ¿Debe considerarse este tiempo como parte de su vida o, por el contrario, debe sustraerse? Son ejemplo de esto las bacterias, capaces de resistir durante lapsos increíbles en condiciones que harían imposible la vida para cualquier otro tipo de ser vivo. Ellas simplemente se enquistan y esperan que el entorno vuelva a ser favorable. Algunas bacterias, extraídas del interior de depósitos de sal cuya antigüedad se calcula en más de 600 millones de años, han sido revividas colocándolas en soluciones nutritivas apropiadas. Pero parece excesivo que esto nos llevara a afirmar que la duración del ciclo de vida de las bacterias se mide por millones de años.

Basándose en la resistencia de los quistes bacterianos, algunos científicos habían predicho que tal vez se encontraría vida microscópica en otros astros del sistema solar, como la luna y Marte. Según ellos, las bacterias terrestres serían capaces de atravesar los espacios interplanetarios y de resistir las temperaturas extremas, el vacío casi absoluto y la abundancia de rayos cósmicos que allí dominan. Sin embargo, esta predicción no ha sido comprobada por la exploración de los astros vecinos. Ni en la luna ni en Marte se ha encontrado huella de seres vivientes, ya sea aborígenes o de origen terrestre.

Si prescindimos de las condiciones anormales de la vida suspendida y consideramos únicamente el ciclo vital de las bacterias, veremos que es muy corto. Dependiendo de la especie, asciende a algunos minutos o, como mucho, a unas pocas horas. Después de ese tiempo, la bacteria se divide y da comienzo un nuevo ciclo. Como en cada división el número de bacterias se duplica, para una especie cuyo ciclo sea igual a una hora, una sola bacteria dará lugar a 16,777,216 descendientes por día, siempre que exista una abundancia indefinida de espacio y alimentos, una ausencia total de predadores, y condiciones ambientales completamente favorables.

Entre los vegetales, existen grandes contrastes en la duración de la vida según la especie. La resistencia de las semillas, consideradas como forma de vida latente, puede ser muy grande. Se ha conseguido hacer germinar cereales encontrados en las pirámides de Egipto, que habían permanecido allí durante varios miles de años.

Muchas plantas siguen un ciclo anual, en el que la semilla pasa el invierno en estado de vida latente, aguardando el momento propicio para germinar, y después crece, florece y produce nuevas semillas en una sola estación. Algunas plantas del desierto aceleran aún más el proceso: sus semillas resisten la sequía durante años, pero un chaparrón ocasional que humedece por poco tiempo la reseca superficie las hace germinar, crecer y florecer a gran velocidad, en un ciclo vital que apenas dura unos días.

Hay plantas que tienen ciclos de dos años (bianuales). Otras, que viven varios años, se llaman perennes. Pero son los árboles los que alcanzan los lapsos de vida más largos de todos los seres vivos en estado no latente, aunque existen también grandes diferencias: mientras los frutales suelen vivir unas pocas décadas, las coníferas pueden rebasar el siglo, y unos pocos elegidos pasan del milenio. Así, *Sequoia sempervirens* vive más de mil años, *Sequoia gigantea* pasa de los tres mil y se dice que *Pinus aristata* (el ser viviente actual cuya vida no latente dura más tiempo) puede rebasar los cuatro mil quinientos años.

En el reino animal existen también grandes contrastes, aunque no tan acusados como en el vegetal. Los invertebrados, por ejemplo, viven más o menos tiempo, dependiendo de la especie. Los más longevos son los moluscos lamelibranquios, que suelen vivir varias décadas, especialmente los de agua dulce: parece que algunas almejas han llegado a rebasar el siglo.

Los insectos introducen una nueva complicación en la medida de su longevidad. Muchos de estos animales sufren metamorfosis, pasando por cuatro etapas sucesivas a lo largo de su vida: huevo, larva, crisálida y adulto. Al hablar de la duración de la vida de estos animales, existe cierta tendencia en la literatura científica a ignorar las tres primeras etapas y mencionar tan sólo el tiempo que viven como adultos. Por ejemplo, existe un género llamado *Ephemera*[103], del que se afirma que sólo vive un día: de ahí su nombre. El animal adulto carece casi de aparato digestivo y es incapaz de comer, por lo que sólo puede vivir unas horas, durante las cuales tiene que emparejarse y desovar, para perpetuar

---

[103] Del griego *epi*, cerca de, y *hemera*, día. *Ephemera*, de donde procede nuestra palabra *efímera*, significa, por lo tanto, *cerca de un día*.

la especie. Sin embargo, la *Ephemera* no es tan efímera como su nombre da a entender, pues en estado de larva vive al menos un año, a veces tres.

Muchos insectos siguen un ciclo anual. Los huevos, puestos hacia el final del verano o principios del otoño, pasan el invierno en estado de vida latente. Las larvas nacen en primavera, crecen durante algunas semanas, forman crisálida, se convierten en adultos y se mantienen así durante algunas semanas, hasta que desovan y mueren, dando comienzo a un nuevo ciclo. Hay algunos, de vida excepcionalmente breve, que pueden tener varias generaciones dentro de un mismo año: por ejemplo, muchos dípteros, como las moscas y los mosquitos.

En el otro extremo de la escala están los insectos sociales, especialmente las reinas. Las de las abejas pueden vivir hasta seis años, aunque sus súbditos no llegan ni siquiera a uno. Las hormigas son más resistentes: las obreras alcanzan seis o siete años de vida, las reinas quince. Los campeones son las termitas, cuyas obreras pueden vivir veinte años, mientras que hay reinas que se han pasado cincuenta años poniendo huevos ininterrumpidamente, como verdaderas máquinas de desovar.

Pasemos a los vertebrados. Entre los peces, los hay que sólo viven un año, como los gobios, mientras otros pueden rebasar el siglo, como los esturiones. En general, la duración de su vida en cautividad es muy superior a la que pueden gozar en su medio natural, donde más pronto o más tarde caen presas de algún predador.

Entre los vertebrados terrestres, las tortugas son campeones de longevidad. Se han contabilizado algunas que vivieron más de un siglo, incluso entre los galápagos pequeños, mientras que las de gran tamaño pueden rebasar los ciento cincuenta años. Los cocodrilos pasan de los cincuenta, las grandes boas de los cuarenta. Los lagartos más pequeños, por el contrario, viven sólo alrededor de cinco años.

Las más longevas de las aves son las psitaciformes (loros, guacamayos y cacatúas), de las que se dice que pueden pasar del siglo, aunque esta afirmación no ha podido comprobarse. Los cisnes y algunas rapaces, como el cóndor, alcanzan a veces los setenta. Los gorriones y los canarios pueden pasar de veinte. En cambio, los colibríes rara vez alcanzan los diez.

Con esto, llegamos a los mamíferos, el grupo al que pertenecemos. La tabla 5.1 presenta, salvo excepciones (como las ballenas) la duración máxima de la vida en cautividad de algunos de estos animales. Es mucho más difícil, por supuesto, conocer su longevidad en su ambiente natural. Algunos animales figuran en la tabla con longevidades dadas por un intervalo. Esto ocurre cuando el mismo nombre genérico (ciervo, ballena, perro…) se aplica a varias razas o especies, cada una con su longitud de vida distinta y característica. En principio, puede observarse que la longevidad está bastante relacionada con el tamaño del animal. Los mamíferos más pequeños (musaraña, ratón, rata) viven sólo unos pocos años, mientras que los más grandes (ballena, elefante, rinoceronte, hipopótamo) pueden alcanzar el medio siglo, y algunos se aproximan al doble de esta edad. A la vista de esto, no es extraño que el mamífero no humano de mayor longevidad de que se tiene constancia fuese un cachalote que vivió unos 90 años cerca de Australia.

Debe recordarse, además, que la tabla 5.1 da la longevidad máxima: la vida del animal más longevo de que tenemos noticia. La vida media o normal de cada especie suele ser bastante inferior. Si se tienen en cuenta los peligros que les acechan, tanto en la vida doméstica (animales muertos prematuramente para proporcionarnos carne) como en la salvaje (por los predadores), la vida normal de una especie de mamíferos puede reducirse a una fracción pequeña de su vida máxima teórica. Por ejemplo, la mayor parte del ganado vacuno que nos alimenta de carne muere hacia los dos años de edad, los conejos salvajes rara vez pasan de dos años en su ambiente natural, y lo mismo pasa con casi todas las especies.

Hay otra forma de medir el lapso de vida de las distintas especies de mamíferos, que consiste en contar el número de latidos del corazón durante una vida entera. Si se aplica este cálculo a la cifra media de longevidad de cada especie, se obtiene el curioso resultado de que el número máximo de latidos resulta ser más o menos el mismo para todas ellas, del orden de mil millones, con sólo dos excepciones: la musaraña y los seres humanos, que aproximadamente triplican dicha cifra. La regla general se debe a que los animales más grandes, que suelen ser los más longevos, tienen ritmos cardiacos más lentos, mientras los pequeños los tienen más rápidos. El caso de las musarañas se explica porque son muy pequeñas, tremendamente activas, y su ritmo cardiaco es superior al que les correspondería por su peso. El del hombre, porque se da en nuestra especie el fenómeno biológico de la *neotenia*[104], que consiste en que el desarrollo se retrasa y los adultos conservan muchas características infantiles, lo que está relacionado con nuestra inteligencia, curiosidad y capacidad de aprender a cualquier edad, que nos han convertido en la especie dominante sobre la Tierra.

Mamífero	Vida máxima	Mamífero	Vida máxima
Ardilla	15	Gacela	10 a 12
Asno	40	Gato	30
Babuino	40	Gorila	50
Ballena	70 a 90	Hipopótamo	50
Bisonte	20	Jirafa	28
Búfalo	20	León	35
Caballo	40	Lobo	16
Cabra	20	Murciélago	20
Camello	45	Musaraña	2
Cebra	40	Oso	30 a 45
Cerdo	20	Oveja	15 a 20
Ciervo	20	Perro	14 a 27
Conejo	10 a 18	Rata	6
Chimpancé	50	Ratón	6
Delfín	25 a 50	Rinoceronte	50
Elefante	75	Toro	20
Foca	25 a 45	Zorro	14

Tabla 5.1. Lapso de vida en cautividad (salvo las ballenas) de diversas especies de mamíferos.

---

[104] Del griego *neo*, joven, y *teinein*, extenderse.

El tiempo y el hombre

Entre los mamíferos hemos dejado para el final, a propósito, al hombre, que ya se ha visto constituye una excepción muy importante. Por su tamaño y por el grupo zoológico al que pertenece, sería lógico que se alineara con los monos antropoides, como el gorila y el chimpancé, en cuanto a la duración de su vida. Puede observarse en la tabla que estos dos primates viven, como máximo, unos 50 años. Sin embargo, los seres humanos más longevos de quienes tenemos noticia fidedigna alcanzan una edad superior a los 120 años. A veces aparecen informes en la prensa sobre personas que dicen tener edades aún más avanzadas: 130 o 140 años. Desgraciadamente, estos casos suelen surgir en regiones muy apartadas (las montañas del Cáucaso en Georgia, del Perú o del Ecuador), donde no se llevan registros adecuados, no hay certificados de nacimiento y la única base para creer lo que dicen esas personas es su palabra. Se han desarrollado métodos de datación de estructuras biológicas (los dientes y el cristalino del ojo), que se basan en la evolución de los aminoácidos que forman parte de estos tejidos y que permitirían obtener la edad de los supuestos longevos. Como es natural, es preciso esperar hasta su muerte, o hasta que se les extraiga un diente, para poder aplicarlos. Entre tanto, mientras no se demuestre lo contrario, parece razonable afirmar que la vida máxima del hombre está más o menos en los 120 años.

Hablemos ahora de la vida media, que también se llama *esperanza de vida*. Así como la vida máxima parece haberse mantenido constante a lo largo de la historia, pues siempre ha habido algunas personas que rebasaron los cien años de edad, la vida media ha cambiado considerablemente con el paso de los siglos, a medida que el hombre va modificando su ambiente y aumentando sus conocimientos en el campo de la medicina. La mortalidad infantil ha tenido siempre un efecto enorme: hasta finales del siglo XVIII, cuando comenzó la revolución médica que ha durado hasta nuestros días, puede estimarse que al menos dos de cada tres niños nacidos no llegaban a alcanzar la edad adulta. Y si llegaban, no podían esperar vivir mucho más allá de 30 a 45 años, lo que da una esperanza global de vida, para todos los nacidos, de 14 a 19 años.

Se calcula que, en la prehistoria, todo el que llegara a adulto podía esperar vivir unos 30 años. Con la revolución neolítica y la invención de la agricultura y la ganadería, el hombre empezó a vivir en ciudades y quedó más protegido de sus enemigos y de los estragos del hambre, lo que tendía a aumentar su esperanza de vida, pero esto quedó compensado porque las epidemias podían propagarse con mayor facilidad en el hacinamiento en que se vivía en los nuevos núcleos de población. Debido a esto, hasta bien entrada la edad moderna, la esperanza media de vida para los que alcanzaban la edad adulta se mantuvo entre 30 y 40 años. A principios del siglo XIX, Jane Austen lo expresa muy bien en su novela *Sense and sensibility*[105]. La señora

---

[105] Usualmente este título se traduce mal al castellano por *Sentido y sensibilidad*. La traducción correcta debería ser *Sensatez y sensibilidad*. La palabra inglesa *sense*, enfrentada a *sensibility*, se refiere al sentido común, a la sensatez. No tiene sentido traducirla por *sentido*, palabra castellana que no tiene esa acepción.

Dashwood se ha quedado viuda a la edad de cuarenta años. Su marido la ha encomendado, junto con sus hijas, al cuidado de su hijo mayor, fruto de un matrimonio anterior. El hijo discute con su esposa en qué forma pueden ayudarla y dice:
- *Con cien libras al año estarían muy cómodas.*
- *Sin duda – dijo ella –... Pero si la señora Dashwood viviese quince años [más] te verías atrapado.*
- *¡Quince años! Mi querida Fanny; no puede vivir ni la mitad.*
- *Claro que no; pero debes notar que la gente vive eternamente cuando se les paga una pensión.*

Los avances de la medicina durante los siglos XIX y XX provocaron un aumento sin igual en la esperanza de vida humana. En los países desarrollados, un niño nacido vivo tiene más de un 50 por ciento de probabilidades de rebasar la edad de 70 años. Por regla general, las mujeres viven más que los hombres. Por ejemplo, en España, en el año 2006, la esperanza de vida de los hombres fue de 77,3 años y la de las mujeres de 83,9[106]. Sin embargo, aún quedan países en el tercer mundo en los que los avances de la medicina apenas se han aplicado y la media de vida permanece en valores propios del siglo XVIII. Poco a poco, incluso en las naciones menos desarrolladas, se van produciendo avances en este campo. Es de esperar que, en algunas décadas, la situación mundial se haya igualado.

---

[106] Datos del Instituto Nacional de Estadística.

En los últimos doscientos años, la revolución médica ha multiplicado por cuatro la esperanza de vida de un niño recién nacido. ¿Significa esto que para el año 2200 viviremos más de dos siglos? ¿Continuará indefinidamente este avance?

Todo parece indicar que no. La longitud media de la vida humana no crece ya tan deprisa en los países más avanzados. Existe una explicación lógica para esto: antiguamente la duración media de la vida era muy baja, porque la mortalidad infantil era muy alta. Una vez que lograba alcanzar vivo la edad adulta, un ser humano tenía un 50 por ciento de probabilidades de vivir otros 20 o 30 años más, y siempre había algunas personas que llegaban a los 70, los 80 e incluso los 100. Hoy la medicina ha logrado disminuir la mortalidad infantil hasta niveles inimaginables en la antigüedad. Las enfermedades epidémicas que mataban miles de personas de todas las edades están controladas por medio de vacunas. Incluso alguna, como la viruela, ha sido totalmente erradicada. Muchas personas que, en otros tiempos y lugares, habrían muerto jóvenes o en la infancia, ahora llegan a los 70, los 80 o los 90. Pero si la edad máxima de vida es la misma, más pronto o más tarde tiene que alcanzarse la saturación. Si no hemos llegado ya, debemos estar muy cerca.

Al mismo tiempo, comienzan a actuar factores que se oponen al aumento progresivo de la duración de la vida. La misma revolución técnica que ha hecho posibles los avances médicos, ha creado medios de destrucción mucho más eficaces. Y no me refiero a las armas nucleares, que podrían acabar en pocos días con la mayor parte de la población de la Tierra, si no con la vida misma. Hasta ahora estas armas se han empleado sólo dos veces contra objetivos habitados y tenemos la esperanza de que no vuelvan a utilizarse nunca, pero existen otros medios de destrucción más sutiles, aunque no menos efectivos. Piénsese que una de las principales causas de muerte en la actualidad son los accidentes de automóvil, que además suelen cobrarse más víctimas entre los niños y los adultos jóvenes, lo que recuerda los efectos de las epidemias medievales.

Por otra parte, si la revolución médica ha aumentado considerablemente la duración media de la vida humana, también ha dado lugar a una enorme explosión de población, que aún no se ha detenido. Si todos vivimos más, y si las dos terceras partes de nuestros hijos no mueren durante la infancia, es lógico que aumente nuestro número. En principio, esto no tiene por qué ser nocivo, pues la revolución industrial nos ha proporcionado nuevos medios y fuentes de energía, capaces de mantener una población mundial mucho más alta, pero a partir de cierto límite entran en acción otros factores que tienden a limitar la duración de la vida y, por ende, el aumento de la población. Uno, muy importante, es el aumento de la contaminación, provocada por nosotros mismos. Otro es el cambio climático que nos amenaza. Por otra parte, la masificación hospitalaria está empezando a contrarrestar los efectos beneficiosos de la medicina moderna. Hoy se admite abiertamente que el número de errores en los análisis llevados a cabo en los grandes hospitales es desproporcionadamente alto; que el nivel de atención médica al enfermo ha disminuido sensiblemente; que están apareciendo razas nuevas de bacterias, resistentes a los antibióticos, que proliferan en los quirófanos y en los centros de atención médica, produciendo complicaciones inesperadas que a veces llevan a la muerte. La combinación de todos estos factores podría producir, antes de 50 años, un efecto opuesto a la tendencia que hasta ahora habíamos disfrutado: la duración media de la vida humana podría disminuir de nuevo, para estabilizarse quizá en la cifra que, hace más de dos mil años, citaba la Biblia como típica del hombre: *La duración de nuestros años es de setenta, y ochenta en los más robustos*[107].

Siempre es posible que algún descubrimiento inesperado permita aumentar la duración de la vida humana por encima de su lapso ordinario, pero hay que tener en cuenta que, hasta ahora, esto no ha sucedido. No vivimos más porque hayamos logrado prolongar la vida humana, sino porque hemos evitado muchas de las causas de muerte prematura.

Los biorritmos

El transcurso del tiempo afecta también a los seres vivos a través de los ritmos naturales. El más importante, la alternancia entre la noche y el día, se corresponde en las plantas, los animales, e incluso en los protistos, con un turno paralelo entre periodos de viveza e inactividad. Algunos seres vivos permanecen activos

---

[107] Salmos, 90:10.

durante el día y duermen durante la noche, otros invierten los dos periodos y hacen vida nocturna, mientras que los hay que limitan sus actividades a los crepúsculos, pero casi todos siguen un ritmo prácticamente constante, cuyo periodo medio a lo largo del año es igual a veinticuatro horas.

¿Existe un *reloj biológico* que, como un despertador, indica a la planta y al animal que ya es hora de levantarse o, por el contrario, son los cambios de luz y oscuridad los que determinan sus movimientos? Las investigaciones realizadas durante el siglo XX han demostrado que es correcta la primera alternativa: existen, en efecto, relojes biológicos. Nosotros mismos disponemos de ellos.

Por ejemplo, hay plantas que abren sus flores, en preparación para el día, una hora antes de la salida del sol, cuando todavía reina la oscuridad y no se observa en el este el menor indicio del amanecer. Un experimento realizado también con vegetales lo prueba concluyentemente. Se somete a una planta a una corriente de aire frío todos los días a la misma hora. Al recibirla, la planta responde dejando fláccidas las hojas durante algún tiempo y volviendo poco a poco a la normalidad. Después de repetir muchas veces el proceso, un día no se le aplica a la planta la corriente de aire. Pues bien, llegada la hora en que esto solía ocurrir, la planta deja fláccidas las hojas sin haber recibido el estímulo acostumbrado y sigue haciéndolo durante algunos días hasta que, por fin, pierde la costumbre, si la corriente de aire no vuelve a repetirse.

Mediante experimentos de laboratorio con animales se han obtenido pruebas de que realmente existe un reloj biológico que no depende de la alternancia del día y de la noche, pero que sigue su ritmo. Si se somete a los animales (ratas, ratones, gallinas) a condiciones de iluminación constante en habitaciones cerradas, para que no sepan cuándo es de día o de noche en el exterior, continúan alternando sus ritmos de actividad y de descanso, aunque con un periodo un poco diferente de 24 horas, generalmente algo mayor, con lo que sus *días* y sus *noches* se van distanciando cada vez más de los del mundo exterior.

La explicación de este fenómeno es sencilla: las plantas y los animales disponen de un reloj interno cuyo ritmo propio es algo superior a las 24 horas. Cada amanecer, la primera luz del día *pone en hora* el reloj, que así pasa a marcar 24 horas exactas. Si falta la señal horaria que realiza el reajuste, el reloj interno, dejado a su propio ritmo, atrasa. Para comprobar la explicación, se realizaron otros experimentos. Se sometió a los animales de laboratorio a alternancias de luz y oscuridad con periodos diferentes de 24 horas y se comprobó que eran capaces de reajustar sus relojes internos para adaptarse a ellos. Sus periodos de reposo y de actividad pasaron a durar lo mismo que el día artificial que habían preparado para ellos los investigadores.

También los insectos poseen relojes internos, que utilizan para orientarse. Las abejas y las hormigas, por ejemplo, saben regresar a su colmena u hormiguero en línea recta, aunque el camino de ida haya sido serpenteante. ¿Cómo lo hacen? Su reloj biológico les indica la hora. Localizan la posición del sol, ya sea directamente (si es visible) o a través de la luz polarizada que atraviesa las nubes (si se trata de un día nublado). Conociendo estos dos datos, pueden calcular exactamente la dirección de los puntos cardinales. Además, su memoria guarda el mapa del terreno circundante, por lo que les es fácil seguir la dirección adecuada para regresar a casa. Sin embargo, basta que la colmena sea trasladada a pocos metros de distancia para que las abejas que regresan queden totalmente desorientadas.

A cierta distancia de la colmena se coloca todos los días a la misma hora un platito con agua azucarada. Las abejas lo descubren y se aprovechan de este alimento inesperado. Pasados unos días, las abejas vendrán a ese lugar precisamente a la hora de costumbre, pero no aparecerán por allí en ningún otro momento: saben que no es la hora y que sería una pérdida de tiempo.

También el hombre está sometido al ritmo diario. En estos días de viajes intercontinentales rapidísimos, es fácil comprobarlo. Si se va, por ejemplo, de Madrid a Nueva York, nuestro reloj biológico se adelanta de pronto seis horas respecto al mundo exterior. Este reajuste tan grande no puede efectuarse rápidamente y cuesta varios días adaptarse al cambio. Volvemos entonces a Europa y descubrimos que ahora el reloj interno lleva seis horas de retraso. Esta situación es peor que la anterior, pues ahora las tres de la madrugada por nuestro reloj biológico (el momento de mínima actividad para los seres humanos acostumbrados a hacer vida diurna) corresponden a las nueve de la mañana de la hora oficial, que está dentro de la jornada normal de trabajo. En cambio, cuando se cruza el Atlántico hacia el oeste, el momento de mínima actividad corresponde a las nueve de la noche, hora de Nueva York, que está fuera de las horas de trabajo, y el efecto no es tan devastador como en los viajes hacia el este.

Es posible parar el reloj biológico sometiendo al animal a temperaturas muy bajas. Se aplica, por ejemplo, una temperatura de 4°C a una hormiga que marchaba de regreso a su hormiguero y se la mantiene en estas condiciones durante varias horas, dentro de una caja cerrada al exterior, para que no pueda seguir el movimiento del sol por el cielo. Después se la deja en libertad y se constata que la dirección que sigue forma con la dirección correcta el mismo ángulo que ha avanzado el sol desde que comenzó el experimento. El reloj del animal, parado durante varias horas, está ahora atrasado, y la hormiga se equivoca al deducir la dirección del norte a partir de una posición del sol que no corresponde con la hora que ella cree que es.

Estos ritmos internos, cuya duración se aproxima a las 24 horas, se llaman *circadianos*[108]. Pero existen otros. Algunos animales que viven en la franja costera (la zona de la costa que cubre la marea alta, pero que queda al descubierto durante la marea baja) se acostumbran a seguir el ritmo de las mareas, de once horas y unos 35 minutos. Apenas ha quedado al descubierto el terreno donde viven, porque la marea se ha retirado, estos animales

---

[108] Del latín *circa*, cerca, y *dies*, día. *Circadiano* significa, por tanto, *cerca de un día*. Véase nota 103.

(cangrejos, moluscos, gusanos, y otros) salen al exterior y se apresuran a alimentarse. Pocos minutos antes del regreso de las olas, desaparecen todos a la vez, enterrándose en la arena. Su reloj biológico es muy exacto. Se ha observado que algunos de estos animales, aunque vivan en ambientes donde las mareas ya no pueden afectarles (como los tanques de un acuario) continúan siguiendo ritmos de actividad sincronizados con ellas.

Se han descubierto también ritmos que siguen las fases de la luna y otros adaptados al paso de las estaciones, que duran tanto como el año. Los más conocidos son los que impulsan a las aves migratorias a emprender viaje en una fecha determinada, dos veces al año, en direcciones opuestas. En este caso, parece ser la disposición de las estrellas en el cielo nocturno la que proporciona al ave la señal de que debe emprender la partida, pues es posible provocar el nerviosismo que acompaña el comienzo de la migración presentándole un cielo artificial, en el interior de un planetario.

De los relojes químicos al origen de la vida

Después de un siglo discutiendo sobre el origen de la vida, no estamos más cerca de saber lo que pasó. A mediados del siglo XX, cuando Stanley Lloyd Miller realizó su famoso experimento, en el que obtuvo sustancias orgánicas complejas (aminoácidos) tras someter a descargas eléctricas una mezcla de metano, hidrógeno, amoniaco y agua, que entonces se creía habría sido la composición de la atmósfera primitiva de la Tierra, los científicos lanzaron las campanas al vuelo y anunciaron la inminencia de la fabricación de células vivas artificiales en el laboratorio.

Este tipo de previsiones suele pecar de optimista. Hacia 1960, Arthur C. Clarke, que en 1945 se adelantó al prever la comunicación mundial vía satélite por medio de tres satélites geoestacionarios[109], publicó un análisis a corto y largo plazo de los descubrimientos científicos que él preveía podrían tener lugar en lo que en aquel momento era el futuro. Basándose en sus previsiones, la revista Planéte preparó un cuadro como el de la tabla 5.2. Hoy, casi medio siglo después, podemos mirar con perspectiva las previsiones de Clarke, pues varios de los tramos que aparecen en el cuadro son ya parte del pasado y otro está a punto de cumplirse. En conjunto, se puede afirmar que Clarke se equivocó en casi todo, excepto en dos de sus previsiones, una de las cuales tiene que ver con su campo de especialización: la ingeniería de comunicaciones. Acertó en la llegada del hombre a la luna, que estaba próxima y era previsible, y en el teléfono móvil, que él llamó *radio individual*.

---

[109] Clarke, A. C., *Peacetime uses for V2*, carta al editor, World, febrero 1945.

Fecha	Transporte	Comunicación	Industria	Biología	Física
1970	Labor. espacial Viaje a la Luna Cohete atómico	Traducción automática	Baterías eficientes	Lenguaje cetáceos	
1980	Viaje a Marte	Radio individual	Fusión nuclear	Robots humanoides	Unificación gravedad
2000	Colonización Marte	Inteligencia artificial	Energ. sin hilos Minas marinas	Percepción del tiempo	Estructura subatómica
2010	Viaje al centro de la Tierra	Transmisión sensorial	Control tiempo atmosférico		Catálisis atómica
2020	Cápsulas a estrellas	Robots inteligentes		Control herencia	
2030		Contactos E.T.	Minas espaciales	Ingeniería biológica	
2040			Transmutación de elementos	Hibernación	
2050	Control gravedad	Grabación memoria			
2060		Máquinas para enseñar	Terraformación planetaria		Distorsión espacio-tpo,
2070	Viajes veloc. luz		Control clima Explotación asteroides		
2080	Navegación interstelar	Máquinas superiores al hombre	Máquinas universales		
2100	Encuentros E.T.	Cerebro mundial	Manipulación estrellas		

Tabla 5.2. Previsiones de A. C. Clarke sobre los descubrimientos científicos futuros.

Después de algunos resultados prometedores, como la obtención en 1961 de adenina por el químico español Juan Oró, la investigación en el campo del origen de la vida se estancó. La cuestión, tal como se planteaba entonces, se asemejaba al problema del huevo y la gallina: la célula viva es una fábrica química dirigida por las enzimas, proteínas que catalizan[110] casi todas las reacciones que tienen lugar en su interior; por otra parte, la síntesis de las proteínas está dirigida por los ácidos nucleicos, que contienen la información genética que pasa de padres a hijos. La pregunta era: ¿quién surgió primero, antes del origen de las células vivas, las proteínas, o los ácidos nucleicos?

A favor de la primacía de los ácidos nucleicos se aducía que son los únicos capaces de reproducirse por sí solos, mientras que la reproducción de las proteínas depende de ellos. A favor de la primacía de las proteínas contaba el hecho de que los ácidos nucleicos son simples códigos que representan la estructura de aquéllas, que por lo tanto debían haber sido anteriores. Supóngase, por ejemplo, que aparece un mensaje expresado en una forma incomprensible, porque ha sido codificado mediante un código criptográfico cualquiera. Su existencia implica la existencia previa del mismo mensaje, escrito en alguna lengua humana comprensible.

A medida que se hacían nuevos descubrimientos, la cuestión parecía cada vez más enrevesada. La reproducción de los ácidos nucleicos y la síntesis de las proteínas también están dirigidas por enzimas, que regulan qué genes se expresan y cuáles permanecen durmientes.

---

[110] Se llama *catalizador* a la sustancia que acelera o hace posible una reacción sin verse afectada por ella. Terminada la reacción, el catalizador sigue presente, listo para realizar de nuevo su papel.

A finales de la década de 1970 y principios de los años ochenta, las cosas parecieron dar un vuelco. Thomas Cech y Sidney Altman descubrieron independientemente que ciertas moléculas de ARN[111] obtenidas de unos orgánulos celulares llamados ribosomas son capaces de catalizar reacciones que afectan a la misma molécula: una parte de ella dirige la eliminación de otra. Por ello, Cech acuñó el término *ribozima* para referirse a estas moléculas. Parecía, por lo tanto, que el dilema huevo-gallina quedaba roto, y que el ARN podría haber estado por sí solo en el origen de la vida, puesto que es capaz de realizar funciones de los dos tipos: catálisis química y codificación de las proteínas. Por este descubrimiento, Cech y Altman recibieron en 1989 el premio Nobel de química.

Por segunda vez, se repitió la historia: la relación exclusiva del ARN con el origen de la vida, que en algún momento parecía evidente, parece haberse difuminado. La aparición espontánea de una molécula de ARN capaz de reproducirse parece muy poco probable[112]. También hay que tener en cuenta la paradoja de Eigen[113]: la célula más sencilla que conocemos contiene un cromosoma con 2000 genes, ninguno de los cuales es capaz de reproducirse por sí mismo. El problema señalado por Eigen consiste en que un

---

[111] Siglas del ácido ribonucleico.
[112] Vaneechoutte, M., *The Scientific Origin of Life: Considerations on the Evolution of Information, Leading to an Alternative Proposal for Explaining the Origin of the Cell, a Semantically Closed System*, en Chandler, J. L. R., van de Vijver, G., eds., *Closure: Emergent Organizations and their Dynamics*, Annals of the New York Academy of Sciences, Vol. 901, 2000.
[113] Smith, J.M., Szathmary, E., *The Major Transitions in Evolution*, W.H.Freeman, Oxford, 1995.

conjunto de moléculas de ARN, capaces de reproducirse independientemente, si se viesen por casualidad reunidas dentro de una célula, competirían entre ellas, en lugar de fundirse en un cromosoma único. La célula viva, el organismo más sencillo que existe[114], es demasiado complejo para poder explicar su aparición a partir de una sola molécula. Aunque no se ha abandonado del todo la teoría del ARN, hoy se siguen otras líneas de investigación.

Curiosamente, el problema del origen de la vida ha pasado en parte del campo de investigación de los biólogos al de los filósofos. La cuestión se enfoca así:

- Desde el punto de vista científico, sabemos muy poco sobre cómo pudo surgir la célula viva.
- Por otra parte, es evidente que la célula surgió en algún momento, puesto que ahora existe y en el origen de la Tierra no podía existir.
- Parece razonable dedicar algunos esfuerzos a pensar, en abstracto, qué condiciones debería cumplir un sistema capaz de mantenerse vivo y de reproducirse, para ver si esos estudios arrojan luz sobre las condiciones que pudieron tener lugar en el origen de la vida.

La primera cuestión que se plantea es definir qué entendemos por *ser vivo*. La definición tradicional que se dio al principio de este capítulo no resulta completamente satisfactoria. Por eso se han introducido dos conceptos que, aunque no definen

---

[114] Los virus, plásmidos y viroides son organismos incompletos, pues necesitan de la colaboración de una célula viva para reproducirse.

exactamente lo que es un ser vivo, sí permiten desbrozar el campo de estudio y abrir camino hacia una comprensión más completa. Dichos conceptos son:

- **Autocatálisis**: se llama así al fenómeno por el que una especie química, en presencia de otras, cataliza una reacción que produce (entre otras cosas) la misma especie química. En cierto modo, un *autocatalizador* es una sustancia química capaz de reproducirse bajo ciertas condiciones. Las ribozimas serían, por lo tanto, sustancias autocatalíticas, pero hay muchas más.

- **Autopoyesis**: según la definición original, propuesta por Maturana y Varela[115], un sistema autopoyético es *[un sistema] organizado como una red de procesos de producción... de componentes, que produce otras componentes que:*

    [1] mediante interacciones y transformaciones regeneran y realizan continuamente la red de procesos... que los produjo; y

    [2] constituyen [el sistema] como una entidad concreta en el espacio en el que existen...

    Es decir, un sistema autopoyético es algo más que una molécula autorreplicante, es un sistema complejo de interacciones separado de su entorno (por ejemplo, por una membrana) y capaz de reproducirse. Obsérvese

---

[115] Maturana, H.R., Varela, F.J., *Autopoiesis and Cognition: the Realization of the Living*, D.Reidel, Dordrecht, 1980.

que, con esta definición, una célula viva es un sistema autopoyético, pero también pueden existir otros, como las hipotéticas máquinas autorreproductoras de Norbert Wiener[116].

La existencia de sistemas químicos autocatalíticos fue prevista en 1952 por Alan Turing, que estaba interesado en el problema de la *morfogénesis*, el proceso por el que un ser vivo transforma una sopa química en una estructura biológica. Más o menos en los mismos años, el químico ruso Boris Pavlovitch Belousov descubrió una reacción química notable, formada por una disolución de ácido cítrico, bromato potásico, ácido sulfúrico y un catalizador de iones de cerio, que oscilaba con la regularidad de un reloj entre dos formas o estados: incoloro y amarillo. Se trataba del primer reloj químico de la historia.

Belousov tuvo muchas dificultades para publicar su descubrimiento, que otros científicos consideraban imposible. Un artículo suyo fue rechazado en 1951. Sólo en 1959 pudo publicar una nota de dos páginas en las actas de un congreso sobre un tema completamente diferente[117]. Afortunadamente, durante la década de 1960, otro investigador, Anatoly Zhabotinsky, prosiguió las investigaciones de Belousov y las mejoró, obteniendo un reloj químico aun más espectacular, que oscila entre los colores rojo y azul. Hoy estos procesos llevan el nombre de ambos investigadores (reacciones de Belousov-Zhabotinsky) y han recibido

---

[116] *Cybernetics*, M.I.T. Press, 1948 y 1961.
[117] Belousov, B., *Oscillation Reaction and its Mechanism*, Proc. Sbornik Referatov po Radaicioni Medicine, Moscú, 1959.

reconocimiento internacional, como el premio Lenin de 1980, aunque para Belousov llegó tarde, pues había muerto en 1970.

El paso siguiente lo dieron en 1968 Ilya Prigogine y René Lefever[118], que propusieron un modelo (el *brusselator*[119]) que permite diseñar reacciones químicas capaces de autoorganizarse en el espacio a la vez que en el tiempo, pues las oscilaciones del reloj químico están desfasadas entre distintas zonas, lo que da lugar a la aparición de regiones rojas y azules oscilantes en el recipiente donde se realiza la reacción.

Como los procesos que ocurren en los seres vivos, todas estas reacciones autocatalíticas tienen lugar muy lejos del equilibrio termodinámico. Durante el siglo XX, algunos científicos lanzaron la idea de que el funcionamiento de los seres vivos se opone al segundo principio de la termodinámica[120], que constata que todos los sistemas aislados evolucionan hacia un estado de máximo desorden. Dado que es obvio que los seres vivos evolucionan en sentido contrario (hacia el orden), se introdujo un concepto innecesario (*negentropía* o entropía negativa), pues la supuesta oposición al segundo principio es sólo aparente, ya que dicho principio se aplica sólo a sistemas cerrados próximos al equilibrio, mientras los seres vivos son sistemas abiertos (que absorben de forma continua, directa o indirectamente, gran cantidad de energía del sol) y funcionan muy lejos del equilibrio

---

[118] Journal of Chemical Physics, vol. 48, p. 1695, 1968.
[119] Así llamado porque fue desarrollado en Bruselas.
[120] El segundo principio de la termodinámica se menciona con más detalle en el capítulo 7.

termodinámico. Precisamente fue el estudio de los sistemas alejados del equilibrio lo que en 1977 ganó a Prigogine el premio Nobel de química[121].

Se está abriendo camino entre los investigadores una teoría que afirma que, antes del origen de la vida, pudo tener lugar una época de evolución puramente química, sin selección natural, durante la cual todas las especies químicas estaban mezcladas entre sí y se combinaban libremente, sin restricciones[122]. Así aparecerían ácidos nucleicos, enzimas y proteínas diversas, junto con estructuras lípido-proteicas que se cerraban y formaban membranas. El espacio encerrado por las membranas contenía las sustancias que casualmente se encontrasen allí en el momento de cerrarse. Después de muchos procesos parecidos, alguna vez ocurriría que el material en cuestión contendría una mezcla de ácidos nucleicos y de enzimas capaz de reproducirse indefinida y espontáneamente, con lo que habría surgido la célula viva. Sólo a partir de ese momento unas células competirían con otras y comenzaría a actuar la selección natural y la evolución biológica tal como la conocemos.

---

[121] Los estudios de Prigogine no sólo se aplican a la química; también, como se ha visto, a la investigación sobre el origen de la vida, a la luz láser, al desarrollo de los tumores cancerosos, al análisis de los ciclos económicos y a la dinámica de poblaciones en sociología.

[122] Esto es lo que se llama el *modelo del metabolismo primigenio*, frente al *modelo del replicador primordial*, que ve en el ARN el origen exclusivo de la vida. Véase Shapiro, R., *El origen de la vida*, Investigación y Ciencia, agosto 2007. Ambos modelos corresponden a lo que, en otro libro, he llamado *el primer nivel de la vida*. Véase *El quinto nivel*, Adhara, 2005 o *El quinto nivel de la evolución*, 2014-2016.

Se ha propuesto que la evolución cultural se encuentra actualmente en un estado semejante al de la evolución en el primer nivel de la vida, pues algunas de sus propiedades lo recuerdan de forma sugerente. Si es así, quizá podría darse el caso paradójico de que el estudio de la evolución de las culturas y civilizaciones llegase a arrojar luz sobre el misterio del origen de la célula viva.

Como se ve, la cosa está muy verde. La suma de nuestros conocimientos sobre el origen de la vida es muy inferior a la de nuestra ignorancia. Las teorías se suceden a razón de una por década y aún no se ve que ninguna de ellas esté apoyada por la experimentación o por los hechos históricos descubiertos.

La historia de la vida

La hipótesis científica actual más aceptada para explicar la historia de la vida es la teoría de la evolución, originalmente formulada en 1858 por Charles Darwin. Esta teoría, que ha cambiado considerablemente en los ciento cincuenta años transcurridos desde su comienzo, es hoy, en la forma llamada *teoría sintética de la evolución*, salvo cuestiones de detalle, casi universalmente aceptada por los científicos.

La teoría de la evolución ha sido confirmada con pruebas procedentes de casi todas las ramas de la biología: la paleontología permitió construir series de fósiles que se sucedieron en el tiempo y presentan cambios graduales de alguna característica. La embriología aportó la *ley biogenética*, enunciada por el alemán Ernst Haeckel: *los embriones de los individuos de una especie pasan, durante su desarrollo, por fases y formas que recuerdan, repiten y recapitulan la sucesión de las estructuras embrionarias de sus especies antepasadas.* La anatomía, la fisiología, la bioquímica y la biogeografía también aportaron pruebas. Las leyes de Mendel y los experimentos de Thomas Hunt Morgan, padre de la genética experimental, descubrieron los mecanismos de la herencia. El hallazgo de las mutaciones por el holandés Hugo de Vries indicó cómo se introducen los cambios en la composición genética de los seres vivos. En 1944, Oswald Avery y sus colaboradores publicaron un artículo famoso[123] en el que demostraban que la base de la transmisión hereditaria son los ácidos nucleicos. En 1953, James Watson y Francis Crick descubrieron la estructura helicoidal del ADN. Finalmente, durante los años sesenta del siglo XX se descifró el código genético, y a finales del siglo XX y principios del XXI se ha conseguido conocer el genoma de muchas especies de seres vivos.

Cuando un biólogo dice que la teoría de la evolución se enfrenta actualmente con problemas, los legos suelen entenderlo mal: creen que la ciencia va a abandonar la teoría sintética de la evolución para volver al creacionismo o a la herencia de los caracteres adquiridos (*lamarckismo*). Esto no es cierto: los problemas que preocupan a los biólogos no amenazan las bases

---

[123] Avery, O. T., MacLeod C. M., McCarty, M., *Studies on the Chemical Nature of the Substance Inducing Transformation of Pneumococcal J Types: Induction of Transformation by a Deoxyribonucleic Acid Fraction Isolated from Pneumococcus Type IJf*. Journal of Experimental Medicine, vol. 79:2, pg. 137-158, 1944.

fundamentales de la teoría. Se discute si la evolución ha actuado con velocidad constante a lo largo del tiempo o bien en rachas (teoría de la evolución puntuada, de Stephen Jay Gould), o bien si existen más o menos rasgos genéticos para los que la selección natural es neutral (*teoría neutralista de la evolución* de Motoo Kimura).

Tal como hoy se enuncia, la teoría sintética de la evolución se apoya en cuatro conceptos fundamentales:

- La evolución no actúa sobre individuos, sino sobre poblaciones completas. Se trata, por tanto, de una acción estadística.
- Lo que está sujeto a evolución es la *variabilidad genética* de las poblaciones. Cada individuo tiene una *dotación genética* propia, ligeramente diferente de la de otros individuos de la misma especie y de la misma población. La variabilidad genética es el conjunto de las variantes de los genes de todos los individuos de una población.
- El *medio ambiente* que rodea a los individuos de una población establece las condiciones de contorno sobre las que actúa la evolución, el marco de referencia que decide qué individuos están más adaptados y cuáles menos. Nótese que, si el ambiente cambia, las circunstancias pueden invertirse: los individuos más adaptados podrían pasar a ser los menos aptos, y viceversa.
- El mecanismo que empuja la evolución es la *selección natural*, que puede definirse, simplemente, como la

constatación de que los individuos más adaptados al ambiente en un momento dado tienen más probabilidades de sobrevivir más tiempo y dejar más descendencia que los menos aptos.

Veamos un ejemplo clásico: la mariposa *Biston betularia* abunda en Europa occidental desde mayo hasta julio y se presenta en dos variedades, que se distinguen por el color de sus alas: una forma clara, blanquecina, y otra muy oscura, casi negra, que por ello se llama *carbonaria*. Ambos tipos de mariposa tienen la costumbre de posarse sobre la corteza de los abedules, chopos, arces y otros árboles frondosos, que a menudo tienen el tronco recubierto de líquenes blancuzcos. Hacia 1850 abundaba en Inglaterra mucho más la variedad clara que la carbonaria, que era muy rara.

En 1895 se comprobó que el 95 por ciento de las mariposas de esta especie que habitaban los alrededores de la ciudad de Manchester pertenecían a la forma carbonaria. ¿Qué había ocurrido para provocar este cambio tan radical en menos de medio siglo? Nada menos que la revolución industrial. La periferia de las grandes ciudades, como Manchester, se había poblado de industrias que inundaban el aire de partículas negruzcas, que al depositarse oscurecían la corteza de los árboles en que solían posarse las mariposas. Además, los líquenes blancuzcos no podían prosperar en el ambiente contaminado y la corteza quedaba desnuda. Antes de 1850, las carbonarias destacaban contra el fondo claro de los líquenes; los pájaros insectívoros las veían mejor que a las mariposas de la variedad clara, por lo que eran fácil presa de los predadores y su número estaba limitado. Con el ennegrecimiento de los árboles, la situación se invirtió: las mariposas claras destacaban, mientras las oscuras se disimulaban sobre la corteza contaminada. Al cambiar el medio ambiente, la selección natural había pasado a favorecer a las carbonarias.

Experimentos realizados por Kettlewell en 1953 probaron que los pájaros distinguen mejor las carbonarias sobre fondo claro y la variedad blanquecina sobre fondo oscuro. A mediados del siglo XX, la introducción de procedimientos de fabricación más avanzados y limpios aclaró el aire de las ciudades inglesas y las cosas volvieron a su cauce: la variedad carbonaria de la mariposa disminuyó de número y la variedad clara volvió a ser más abundante.

Las próximas páginas contienen un resumen sucinto de la historia de la vida, tal como hoy se piensa que sucedió, a lo largo de varios miles de millones de años. En este análisis utilizaremos la clasificación de los eones, eras y periodos geológicos de la tabla 3.7.

Se supone que las primeras células vivas aparecieron bastante deprisa después de que la superficie de la Tierra se solidificó y se formaron los primeros océanos, unos pocos cientos de millones de años a lo sumo. Los primeros restos fósiles que podrían pertenecer a microorganismos vivos se han hallado en Groenlandia, en rocas con una antigüedad de hasta unos 3800 millones de años. Por eso se coloca ahí el comienzo del eón *criptozoico*[124].

Los primeros organismos vivos eran células sencillas, desprovistas de núcleo y con un solo cromosoma de ADN, que por ello se clasifican con el nombre de *procariotas*[125]. Los procariotas se dividieron rápidamente en dos grandes grupos: las bacterias y las arqueobacterias, que siguen existiendo en la actualidad. Todas estas células eran anaerobias[126], pues la atmósfera estaba constituida por una mezcla de nitrógeno y anhídrido carbónico.

Hace unos 2500 millones de años, algunos procariotas aprendieron a vivir alimentándose de sustancias inorgánicas, utilizando la energía solar para transformarlas químicamente en sustancias orgánicas asimilables (fotosíntesis). 500 millones de años más tarde apareció un tipo nuevo de bacterias, las cianobacterias, capaces de generar hidratos de carbono a partir del anhídrido carbónico del aire, desprendiendo oxígeno. Al principio, la mayor parte del oxígeno producido se combinaba inmediatamente con sustancias químicas reductoras del aire o disueltas en el mar, pero cuando éstas se agotaron, el oxígeno comenzó a acumularse en la atmósfera. Las células procariotas tuvieron que adaptarse al nuevo ambiente. Algunas se

---

[124] Del griego *kriptos*, oculto, *zoón*, ser vivo, animal. Es el eón de los seres vivos ocultos, porque no dejaron fósiles.
[125] Del griego *pro* (antes), *carion* (núcleo). Procariotas significa, por tanto, anteriores al núcleo. Esto es lo que, en otro libro, he llamado *el segundo nivel de la vida*. Véase *El quinto nivel*, Adhara, 2005 o *El quinto nivel de la evolución*, 2014-2016.
[126] Vida en ausencia de aire (en realidad, de oxígeno).

extinguieron; otras se refugiaron en lugares remotos, exentos de oxígeno; unas pocas se adaptaron, aprendieron a convivir con el oxígeno e incluso a utilizarlo para la respiración. Durante cerca de mil quinientos millones de años, la proporción de oxígeno fue creciendo progresivamente.

Hace unos 1500 millones de años apareció un tipo nuevo de células vivas, formado por la simbiosis de varias células procariotas que empezaron a vivir juntas dentro de una membrana única: las células con núcleo o *eucariotas*[127]. Todas ellas contienen en su interior unos orgánulos (las *mitocondrias*) que les permiten respirar oxígeno y que sin duda eran originariamente células independientes que se adaptaron a ese gas. Algunas contienen también otros orgánulos (los cloroplastos) que al principio debieron de ser cianobacterias.

Hace unos 1000 millones de años se produjo una nueva revolución en la historia de la vida, un nuevo salto de nivel: varias células eucariotas se unieron entre sí para formar individuos únicos, constituidos por varias células (pluricelulares). Así surgieron los tres reinos clásicos de los biólogos: los hongos, los metafitos o vegetales, y los metazoos o animales[128]. A partir de ese momento, los seres vivos dejan de ser microscópicos y empiezan a dejar restos fósiles más grandes, más fáciles de encontrar, aunque el hecho de que aún carecen de partes duras dificulta su conservación. Entramos en el periodo *ediacariense*, así llamado

---

[127] Del griego *eu*, verdadero. Los eucariotas son las células que tienen verdadero núcleo, a las que llamo *el tercer nivel de la vida*.
[128] Esto es lo que yo llamo *el cuarto nivel de la vida*.

por el primer lugar donde se encontraron restos de estos seres, las colinas de Ediacara, al norte de Adelaida, en Australia.

Los 2000 millones de años (aproximadamente) que comienzan con la aparición de la fotosíntesis y acaban al final del periodo ediacariense reciben el nombre de *era proterozoica*[129]. Hace 565 millones de años tuvo lugar una nueva revolución, quizá menos trascendental que las anteriores, pero desde luego mucho más espectacular: los animales se diversificaron enormemente, apareciendo todos los tipos actuales de organización[130]. Algunos de ellos, como los artrópodos y los moluscos, estaban provistos de partes duras. A partir de entonces, los cadáveres de los animales se conservan mejor, pues las partes duras se petrifican con más facilidad, se forman fósiles más resistentes, comienza un nuevo eón, el *fanerozoico*, el de los seres vivos *visibles*[131]. Comienzan al mismo tiempo la era *paleozoica* y el periodo *cámbrico*[132].

Los animales y plantas del cámbrico no habían logrado aún abandonar las aguas y alcanzar la tierra firme. A excepción de las cuencas fluviales, los continentes estaban desiertos, desprovistos de vida pluricelular. Durante la última fase del cámbrico aparecieron los vertebrados, provistos de un esqueleto duro fosilizable, representados por los primeros peces, que carecían de

---

[129] Del griego *proteros*, el primero. Es la era de los primeros seres vivos.
[130] Existen en la actualidad más de veinte tipos de organización (que los biólogos llaman *phyla*), además de otros ocho o diez que sólo conocemos por restos fósiles procedentes del periodo cámbrico.
[131] Véase el apartado sobre estratigrafía y paleontología en el capítulo 3.
[132] Su nombre procede de *Cambria*, nombre que daban los romanos al país de Gales, donde se encuentran estratos de este periodo geológico.

mandíbulas. También abundaban los artrópodos, especialmente un grupo, los *trilobites*, del que hoy día no quedan descendientes[133]. Al final del período se produjo una ola de extinciones que mermó la diversidad de la fauna.

En el siguiente periodo de la era paleozoica, el *ordoviciense*[134], ocurrió una nueva diversificación, aunque la vida pluricelular siguió restringida al medio líquido. En los sedimentos de la época se encuentran restos de peces primitivos, corales, moluscos, equinodermos y trilobites. Durante el período *silúrico*[135] tuvo lugar la invasión de la tierra firme por los vegetales. Las plantas terrestres más antiguas (*psilofitopsidae*) son los antepasados de los musgos, los helechos y las plantas con flores de nuestros días. También se remonta a este período el origen de los peces de aletas lobuladas (*crossopterygii*), de los que descienden todos los vertebrados terrestres. Al final del silúrico pusieron pie en tierra firme los primeros animales (escorpiones), que fueron seguidos durante el *devónico*[136] por arañas, ciempiés e insectos primitivos. También los vertebrados dieron el gran paso en el periodo devónico, cuando los peces de aletas lobuladas se transformaron en anfibios adquiriendo dos novedades: pulmones, que les permitían respirar aire atmosférico, y cuatro extremidades, gracias a las

---

[133] A excepción de un pariente lejano, el cangrejo bayoneta o cacerola de las Molucas (*Limulus*).
[134] Así llamado en honor de los *ordovices*, tribu celta que vivió en Gales en tiempos pre-romanos.
[135] Otra tribu celta de Gales (los *silures*) da nombre a este período.
[136] Así llamado por la comarca inglesa del *Devon*.

cuales pudieron desplazarse, primero en las aguas pantanosas, más tarde en tierra firme.

Los dos períodos carboníferos reciben este nombre porque el clima favoreció la formación de bosques inmensos sobre terrenos pantanosos, que después quedaron sepultados y dieron lugar a la acumulación de grandes depósitos de carbón de hulla. Durante el *carbonífero inferior* (llamado *missisipiense* por los geólogos norteamericanos) aparecieron helechos, equisetos y licopodios gigantes, así como las *pteridospermas*, antecesoras de las plantas con flores. El *carbonífero superior* (*pensilvaniense* en los Estados Unidos) se caracteriza por la aparición de dos grupos nuevos: las *gimnospermas*, entre las que se cuentan los pinos, abetos, cedros y otras coníferas actuales, y los reptiles, que hicieron posible el abandono definitivo del medio líquido y la conquista del medio terrestre por los vertebrados, gracias a sus huevos provistos de cáscara aislante, que contienen gran cantidad de alimento (el saco *vitelino*) y una membrana llena de líquido (el *amnios*) donde flota el embrión. El huevo reproduce, en pequeño, el ambiente donde se desarrollan las larvas de los anfibios, pero al estar aislado puede depositarse e incubarse en cualquier sitio.

Llegamos así al último período de la era paleozoica, el pérmico[137], durante el cual las coníferas reemplazaron a los helechos gigantes, disminuyó el tamaño de los insectos y se extendieron cada vez más los reptiles, representados por dos

---

[137] De la ciudad y provincia de *Perm*, en la región rusa de los Urales, donde existen estratos de esta época.

grupos actualmente extinguidos: los *pelicosauria* y los *terapsida*. Al final del pérmico tuvo lugar una extinción generalizada, la más grande que conocemos. Desapareció el 90 por ciento de las especies marinas que viven en la plataforma continental, el 75 por ciento de las familias de anfibios y el 80 por ciento de los reptiles. No se sabe qué causó la extinción.

En el primer periodo de la era *mesozoica*, el *triásico*[138], las faunas marina y continental se recobraron gradualmente. Los reptiles se diversificaron, aunque dominaba el grupo de los terápsidos, algunos de los cuales quizá tenían el cuerpo recubierto de pelo y gozaban de cierto control de la temperatura. De una familia de terápsidos predadores surgió, en este tiempo, una estirpe nueva de animales, capaces de alimentar a sus crías con un líquido nutritivo producido por las madres: los *mamíferos*, que entonces eran animales muy pequeños, parecidos a los monotremas actuales.

Al final del período triásico se produjo una nueva ola de extinciones, mucho menos importante que la del pérmico. Un grupo de moluscos cefalópodos, los *ammonites*, que habían resistido la catástrofe del pérmico y que se dividían en veinticinco familias, quedaron reducidos a una sola. También a los terápsidos les llegó la hora del retroceso. Su lugar fue ocupado por otros reptiles, los *arcosaurios*[139], que habían seguido otra línea evolutiva y ahora experimentaron una enorme diversificación, ocupando todos los nichos ecológicos disponibles e invadiendo el medio

---

[138] Se llama así porque los sedimentos de este período se dividen en tres capas.
[139] Del griego *arjo*, ser el primero, *sauros*, lagarto.

acuático y el aéreo. Daba comienzo lo que se suele llamar el *imperio de los dinosaurios*[140], que duró los dos periodos siguientes: *jurásico* y *cretácico*[141]. Al comienzo del cretácico tuvo lugar una nueva revolución, esta vez en el reino vegetal. Aparecieron las plantas con flores modernas (*angiospermas*), que en pocos millones de años suplantaron a los grupos dominantes anteriores.

Al final del periodo cretácico y de la era mesozoica, hace 65 millones de años, tuvo lugar una nueva extinción en masa. Los dinosaurios desaparecieron casi por completo (sólo quedan las aves, que son dinosaurios especializados para el vuelo), junto con muchos otros grupos de animales, aunque el número de especies desaparecidas fue algo menor que al final del pérmico. En este caso creemos saber qué causó la extinción: el impacto con la Tierra de un asteroide gigante o un cometa, de 10 kilómetros de diámetro, que dejó una cicatriz enorme en la región del golfo de México y el Yucatán: el cráter de Chicxulub. El efecto del impacto se ha comparado con el de una guerra nuclear en gran escala.

Al principio de la era *cenozoica*, la Tierra había quedado casi despoblada de animales grandes. Era la ocasión de los mamíferos, que hasta entonces no habían rebasado el tamaño de un conejo, pues todos los nichos ecológicos para animales de mayor tamaño estaban ocupados por los reptiles arcosaurios. Entre los mamíferos, los *euterios* o *placentarios* habían inventado un

---

[140] Del griego *deinos*, terrible. Los dinosaurios eran, por lo tanto, los *lagartos terribles*.
[141] El nombre del jurásico proviene de la región francesa del Jura. El del cretácico hace referencia a los sedimentos de caliza o creta, de origen biológico, que proceden de este período.

método mejor que el huevo de los reptiles para proteger al embrión durante las primeras etapas de su desarrollo: el feto permanece en el interior del cuerpo de la madre, relacionándose con ésta a través de una membrana (la placenta) que le proporciona alimentos y elimina las sustancias de desecho. A principios del período *terciario*, los placentarios suplantaron a los restantes grupos de mamíferos primitivos, que quedaron reducidos a áreas aisladas, como el continente australiano, o a unas pocas especies muy resistentes, como las zarigüeyas. Los placentarios ocuparon la tierra firme, emprendieron el vuelo (murciélagos) y regresaron al mar (pinnípedos, cetáceos y sirenios).

A finales del periodo terciario, un orden de mamíferos cobra especial importancia: los *primates*[142], que se especializaron en no especializarse: en comer de todo, adaptarse a todos los ambientes, aprovechar todas las oportunidades y fomentar el desarrollo de la inteligencia. Hace unos dos millones de años, en este grupo apareció el hombre, cuya especie actual, *Homo sapiens*, ha llegado a dominar el mundo. Es la primera vez en la historia de la vida que una sola especie lo consigue. Y hace unos diez mil años, con la invención de la agricultura y la ganadería y el comienzo de las civilizaciones, el hombre observó el cielo, sacó consecuencias e inventó calendarios y otros medios para medir el tiempo. Pero esa es otra historia, que ya hemos contado en los cuatro primeros capítulos.

---

[142] Del latín *primus*, el primero. Se llaman así porque en este orden se clasifica el hombre.

Manuel Alfonseca

Capítulo 6. El tiempo relativista: ¿será posible viajar hasta las estrellas?

Definición del tiempo

En los cinco capítulos anteriores, dedicados a hablar de las relaciones entre el tiempo y el hombre, no aparece por ninguna parte una definición de lo que llamamos *tiempo*. Ha llegado el momento de atacar esta cuestión, que no es trivial, ni mucho menos. Antes al contrario, la definición del tiempo es uno de los problemas más difíciles de la filosofía y de la ciencia, hasta el punto de que muchos pensadores lo soslayan, mientras los que intentan resolverlo llegan a conclusiones muy diferentes e incluso contradictorias.

Veamos lo que tienen que decir sobre este tema las enciclopedias. La *Gran Enciclopedia del Mundo Durvan* (1964, en 20 volúmenes), en el apartado dedicado al tiempo, define a éste como *el estado atmosférico reinante sobre nuestro planeta* (es la única acepción no jurídica). Es decir, se limita al *tiempo atmosférico o meteorológico*, eludiendo por completo la definición del *tiempo que transcurre*. Es verdad que el apartado siguiente se llama *tiempo, medición del*, donde se habla de la segunda acepción, sin definirla.

La *New Hutchinson 20th Century Encyclopedia* (1977) define el tiempo de la siguiente forma: *Para los propósitos de la vida diaria, la alternancia de día y noche consiguientes a la rotación de la Tierra sobre su eje.* De nuevo se escamotea hábilmente una definición general, sustituyéndola por un caso particular.

La *Encyclopaedia Britannica* (15ª edición) lo define como *un periodo mensurable o medido, un continuum que carece de dimensiones espaciales*, y añade la famosa cita de San Agustín: *¿Qué es el tiempo? Si nadie me pregunta, lo sé. Si deseo explicárselo a quien me pregunta, no lo sé*, añadiendo que *mientras el tiempo es el más familiar de los conceptos, también es el más elusivo.*

Finalmente, la *Enciclopedia Espasa* utiliza para definir el tiempo las acepciones del diccionario. Entre ellas, la que nos interesa es la primera: *duración de las cosas sujetas a mudanza.* Esta es una de las definiciones más antiguas de que tenemos noticia, pues se remonta indirectamente hasta el filósofo griego Aristóteles, que fue parafraseado por Tomás de Aquino, cumbre de la escolástica medieval, en los siguientes términos: *tiempo es la medida del movimiento en razón de lo anterior y lo posterior.*

El concepto de *movimiento*, en la terminología de Santo Tomás, es más amplio de lo que hoy se suele emplear: no se limita a los fenómenos en que un objeto material se desplaza físicamente por el espacio, sino que incluye también todo tipo de cambio. Por ejemplo, el aumento de la temperatura del agua de un recipiente es un movimiento en el sentido aristotélico-tomista, aún cuando el agua ocupa al final casi el mismo lugar en el espacio que en el momento inicial del experimento. Es curioso que la física moderna se parezca más a la filosofía medieval que a nuestros conceptos intuitivos, pues para esta disciplina todo cambio lleva implícito un movimiento de algún tipo en el espacio, aunque sólo sea a nivel microscópico.

La definición del tiempo viene así a depender de la de movimiento o cambio, que habría que fijar con anterioridad. Pero si ahora intentamos definir el *cambio*, llegaremos a la conclusión de que la tarea no es tan fácil como parece, pues al trasladar la definición del tiempo a la del cambio no hemos hecho otra cosa que reducir el problema a otro equivalente. Siempre que se intenta construir una definición válida de cualquier concepto, hay que tener en cuenta las siguientes restricciones:

1. Prohibición de la *autorreferencia*: una definición no debe contener un sinónimo del concepto a definir.
2. Prohibición de la *circularidad*: una definición no debe apoyarse en otro concepto cuya definición se apoye, a su vez, en el que se está definiendo.

La primera restricción prohíbe definir *cambio* en función de términos como *mudanza, alteración, modificación* y otros que le son sinónimos. Consiguientemente, la definición que da el diccionario (*cambio* = *acción o efecto de cambiar*; *cambiar* = *mudar, alterar*) es incorrecta. La segunda restricción significa que no podemos utilizar el transcurso del tiempo para definir el cambio.

Podríamos seguir el hilo de las definiciones en el diccionario hasta llegar a la palabra *mudar*, sinónimo de cambiar, que se define así: *dar o tomar otro ser o naturaleza, otro estado, figura, lugar, etc.* En principio, esta definición no incumple ninguna de las dos restricciones mencionadas, pues no define mudanza en función del tiempo ni utiliza sinónimos, pero de nuevo nos remite a las definiciones de otros conceptos, (*ser, naturaleza, estado, figura, lugar*, etc.), con lo que el problema se complica. Además, la definición es incompleta, como demuestra la aparición en ella de la palabra *etcétera*). Parece que, a medida que avanzamos, estamos cada vez más lejos de lograr una definición concreta, completa y válida de la palabra *tiempo*.

Ante esta situación, el filósofo alemán Emmanuel Kant decidió cortar por lo sano. En lugar de tratar de definir el tiempo, postuló el concepto, lo consideró como uno de los elementos fundamentales e indefinibles de nuestra forma de percibir el mundo: *el tiempo es una forma a priori de la sensibilidad humana.* En cierto modo, Kant eludió el problema de proponer una definición lógica y aceptable de la palabra tiempo, pero también introdujo nuevas dificultades, que pusieron al descubierto sus sucesores e imitadores. De acuerdo con la definición de Kant, el tiempo está ligado con la sensibilidad humana. ¿Significa esto que no existe el tiempo fuera de nuestra consciencia? Como se verá en el capítulo siguiente, algunos científicos contestan afirmativamente a esta pregunta. Según ellos, el tiempo es subjetivo, una ilusión que nuestra experiencia superpone sobre el mundo exterior, un concepto que no corresponde a ningún hecho real.

En cualquier caso, la sucesión de los instantes que constituye el tiempo puede clasificarse, en relación con el observador, en tres clases bien diferenciadas: llamamos *pasado* al conjunto de todos los instantes de tiempo anteriores al actual; *futuro* al de los que aún no han tenido lugar; y *presente* al instante preciso que estamos percibiendo a través de nuestra consciencia (en palabras de Unamuno: *No es el presente, sino el empeño del pasado por hacerse porvenir*). Resulta así que, desde nuestro punto de vista, el pasado ya no existe, el futuro todavía no existe y el presente es fugaz: apenas fijamos en él nuestra atención, se nos escapa, se convierte en pasado, y es sustituido por un presente diferente (antes futuro), que se desvanece también con gran rapidez. No sólo es difícil definir el tiempo: también es imposible detenerlo.

Existe un concepto opuesto al del tiempo: la *eternidad*, cuya comprensión completa queda fuera de nuestro alcance. Aplicada en primer lugar como atributo al *Primer Motor* (Dios) por Platón y Aristóteles, su definición correcta, en el sentido filosófico del término, es *lo que no está sujeto a la acción del tiempo*[143]. La eternidad es la fruición intemporal de una vida ilimitada. Dios es eterno y, como tal, no prevé el futuro, no recuerda el pasado, está fuera y por encima de esos conceptos. El

---

[143] Aristóteles, *Sobre el cielo*.

presente se extiende hasta englobar por completo toda la duración, el pasado y el futuro no existen para Él.

Muy distinto de este concepto es el de *perpetuidad*, que a menudo se confunde equivocadamente con el de eternidad. Un ser perpetuo, al revés que uno eterno, estaría sometido al transcurso del tiempo. El presente sería para él un instante, igual que para nosotros, y tendría pasado y futuro, pero su duración sería ilimitada, no estaría sometido a la muerte o la extinción. La perpetuidad no se opone al tiempo, la eternidad sí. Por eso sorprende que la definición que da el diccionario de *eternidad* sea incorrecta y corresponda realmente a *perpetuidad*, a pesar de que la distinción entre ambos conceptos fue aclarada hace casi 1500 años por Severino Boecio[144].

El tiempo de Newton

Para la física clásica, fundada en los trabajos del inglés Isaac Newton, el tiempo es absoluto, independiente del movimiento de los cuerpos sujetos a él. Supongamos que en un instante dado coinciden dos observadores en un punto. Uno de ellos está inmóvil, el otro se mueve en línea recta con velocidad constante. Un instante más tarde, los dos observadores ya no coincidirán en el espacio. Cada uno de ellos posee un reloj que empieza a contar el tiempo en el instante en que ocupan la misma posición. Los dos son capaces de realizar medidas, tomando como

---

[144] *La consolación de la filosofía*, escrita después de su caída en desgracia. Boecio había sido ministro del rey ostrogodo Teodorico.

punto de partida su propia posición. Supongamos ahora que los dos observadores miden en el mismo instante la posición de un punto distinto de la de ambos, pero situado sobre la línea que los une. Es evidente que las medidas obtenidas por los dos serán diferentes. Sea x la distancia medida por el observador inmóvil (llamémosle A), x' la que mide el observador móvil (llamémosle B), t la hora que marca el reloj del observador A, t' la hora que marca el reloj de B, y v la velocidad de B con respecto de A. De acuerdo con la física clásica, se verifica que

$$x' = x + v.t$$
$$t' = t$$

es decir, los dos relojes marcarán la misma hora y la distancia medida por A diferirá de la medida por B en una cantidad igual a la recorrida por B desde que se separó de A (v.t representa el producto de v por t). Todo esto, que parece de sentido común, lo expresan las fórmulas anteriores, que reciben el nombre de *transformación de Galileo*.

Si en esas fórmulas se despejan x y t en función de x' y t', se obtiene lo siguiente:

$$x = x' - v.t$$
$$t = t'$$

Es decir, si se considera que B está inmóvil y es A quien se mueve con la misma velocidad v, pero en sentido contrario (de ahí el signo menos: la velocidad será $-v$), las expresiones de la transformación de Galileo son idénticas a las del caso anterior. Este es el *principio de la relatividad de la mecánica clásica*[145], que afirma que, cuando varios cuerpos se mueven en línea recta con velocidad constante, es imposible distinguir cuál está en reposo y cuál en movimiento rectilíneo y uniforme.

Como consecuencia de la transformación de Galileo, si un cuerpo móvil es lanzado con cierta velocidad c por otro que se mueve con velocidad v en la misma dirección y sentido, la velocidad del primer móvil con respecto a otro que se encuentre en reposo será la suma de ambas velocidades, c+v. Si ambos se mueven en sentido contrario, dicha velocidad será la diferencia: c-v. Si se mueven perpendicularmente el uno respecto del otro, la velocidad resultante será la suma triangular, de acuerdo con el teorema de Pitágoras, es decir, $\sqrt{c^2 - v^2}$. Esta es *la ley de composición de velocidades*, o arrastre de un móvil por otro.

El tiempo relativista

Apliquemos la ley de composición de velocidades al caso particular de la generación de un rayo luminoso sobre la superficie de la Tierra. Si c es la velocidad de la luz y v la de la Tierra, hemos visto que la velocidad de un rayo luminoso que se mueva en la misma dirección y sentido que la Tierra debería ser c+v, y sería c-v si el rayo y la Tierra se moviesen en sentido contrario. Si el rayo luminoso se mueve perpendicularmente al movimiento de la Tierra, la velocidad resultante debería ser igual a $\sqrt{c^2 - v^2}$.

---

[145] La mecánica es la parte de la física que estudia el movimiento.

En 1883, el físico norteamericano Albert Abraham Michelson, con ayuda de Edward W. Morley, intentó medir el arrastre del movimiento de la Tierra sobre la velocidad de la luz. El experimento de Michelson-Morley se realizó así: se produce un rayo luminoso en dirección perpendicular al movimiento de la Tierra. El rayo incide sobre un espejo semitransparente, donde se descompone en dos: uno que continúa en la misma dirección y otro que sigue la misma línea que el movimiento terrestre. Los dos rayos son reflejados por otros dos espejos, vuelven a atravesar el espejo semitransparente y se proyectan sobre una pantalla (véase la figura 6.1). Los dos han recorrido distancias idénticas, pero (se suponía) a distinta velocidad, por lo que su unión debería producir fenómenos de interferencia luminosa y la aparición de bandas claras y oscuras sobre la pantalla.

El experimento de Michelson-Morley dio resultado negativo. En cualquier posición del instrumento, no importa cómo se hiciese girar el dispositivo en relación con el movimiento de la Tierra, no aparecían bandas de interferencia sobre la pantalla. Todo ocurría como si la velocidad de la luz fuese independiente del estado de reposo o movimiento de la fuente luminosa.

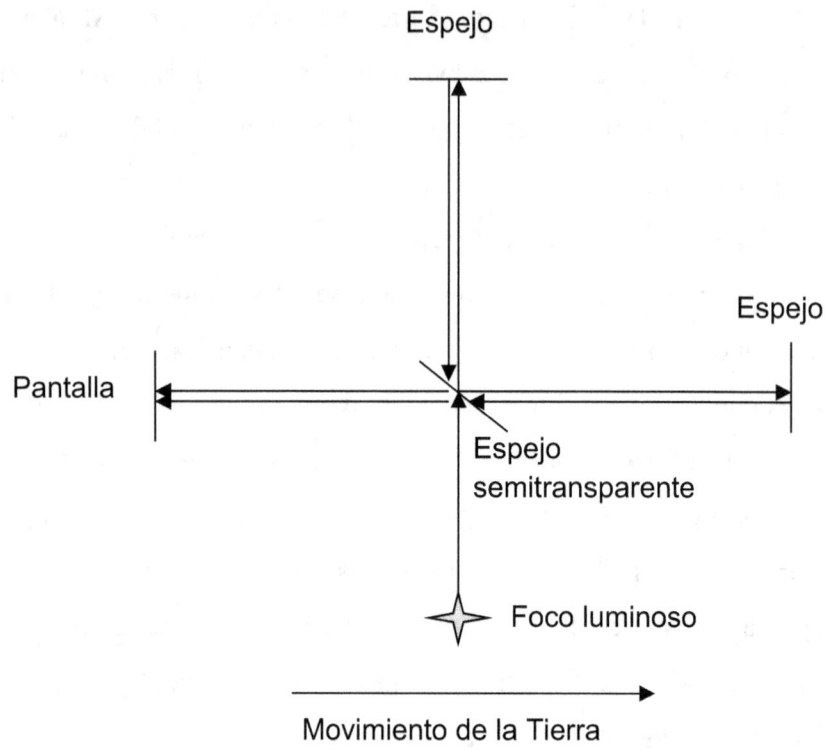

Figura 6.1. Experimento de Michelson-Morley.

Ante esta situación se hizo necesario revisar la mecánica de Newton, y fue Albert Einstein quien emprendió el trabajo[146]. Para obtener una nueva transformación que sustituyera a la de Galileo y que explicara el fracaso del experimento, partió de los siguientes postulados:

1. El principio de la relatividad de la mecánica clásica debe aplicarse en cualquier caso. Todos los sistemas en movimiento rectilíneo y uniforme deben ser equivalentes

---

[146] Einstein no intentaba explicar el resultado del experimento de Michelson-Morley, pero la teoría especial de la relatividad que él propuso lo explicó, de todos modos.

entre sí y a un sistema en reposo, si existiese. Dicho de otro modo: si en las ecuaciones de la transformación se sustituye x por x', t por t' y v por -v, las ecuaciones deben permanecer invariantes.

2. La velocidad de la luz en el vacío (c) es constante, cualquiera que sea la dirección y el sistema de referencia. A la luz en el vacío no le afecta el arrastre de cualquier otro cuerpo móvil.

La nueva transformación (llamada de *Lorentz*, en honor del primero que la calculó) quedó así:

$$x' = x + vt/\beta$$
$$t' = (t + xv/c^2)/\beta$$
$$\beta = \sqrt{1 - v^2/c^2}$$

Si v es mucho más pequeño que c (la velocidad de la luz), como ocurre en condiciones ordinarias, estas fórmulas se reducen a la transformación de Galileo y la física de Newton puede aplicarse. A velocidades superiores a la décima parte de la de la luz, el efecto relativista comienza a actuar y las ecuaciones de Galileo ya no son suficientemente aproximadas.

Una consecuencia importantísima de la transformación de Lorentz es que el tiempo ya no es absoluto, sino que depende del estado de reposo o de movimiento del observador que realiza la medida (t' depende de v). Cada cuerpo móvil medirá un intervalo de tiempo propio, que difiere del intervalo medido por un observador externo e inmóvil, de acuerdo con la expresión t' =

t/β, donde t es el tiempo propio y t' es el que mide el observador externo, que será siempre mayor que t, puesto que β es siempre menor que 1. La tabla 6.1 presenta el tiempo medido por un observador inmóvil en función de la velocidad del cuerpo móvil, cuando el tiempo propio transcurrido para un observador que se mueve con el cuerpo móvil es igual a 10 años.

Obsérvese que a una velocidad igual o menor que un 1% de la de la luz, el efecto relativista es despreciable y el tiempo propio es prácticamente igual al tiempo externo, como suponía la mecánica de Newton. En cambio, a una velocidad igual a un 99,9999% de la de la luz, un tiempo propio de 10 años equivale a un tiempo externo de más de 7000 años.

Velocidad (% c)	Tiempo en reposo equivalente a 10 años propios
0,1	10,000006 años (10 años, 3 minutos, 9 segundos)
1	10,0005 años (10 años, 4 horas, 23 minutos)
10	10,05 años (10 años, 18 días, 9 horas)
50	11,547 años (más de 11 años y medio)
90	22,94 años
99	70,89 años
99,9	223,66 años
99,99	707,11 años
99,9999	7071,13 años

Tabla 6.1. Tiempo de un observador inmóvil equivalente a 10 años propios, medidos por observadores que se mueven a distintas velocidades.

La velocidad de la luz es inalcanzable para cualquier objeto que tenga masa en reposo distinta de cero. Un modo de verlo es el siguiente: si v es igual a c, β es igual a cero. Por lo tanto, el tiempo externo correspondiente a un tiempo propio de 10 años sería igual a 10/0, que no tiene sentido, pues no está permitido dividir un número por cero. Las velocidades superiores a la de la luz también están prohibidas, pues en ese caso β se hace imaginario (la raíz cuadrada de un número negativo) y el tiempo externo correspondiente a un tiempo propio sería también imaginario, lo que no tiene sentido físico.

Poco después de la publicación por Einstein de la Teoría Especial de la Relatividad, el matemático lituano Hermann Minkowski demostró que la expresión $x^2+y^2+z^2-c^2t^2$ es invariante respecto a la transformación de Lorentz, es decir, si se aplica la transformación de Lorentz a esta fórmula, sustiyuyendo las coordenadas espaciales x, y, z y el tiempo t, medidos respecto a un sistema de referencia ligado a cierto objeto, por las coordenadas espaciales x', y', z' y el tiempo t', medidos respecto de un sistema de referencia diferente, ligado a otro objeto, que se mueve respecto al anterior con velocidad constante, la expresión anterior se transforma en $x'^2+y'^2+z'^2-c^2t'^2$, es decir, permanece invariante. Esta expresión puede interpretarse como la distancia entre dos puntos en un espacio de cuatro dimensiones, tres de ellas ligadas con el espacio (x, y, z) y una imaginaria ligada con el tiempo (ict), donde i es la raíz cuadrada de menos uno. El universo relativista se comportaría, por lo tanto, como un espacio de cuatro dimensiones, siendo el tiempo una especie de cuarta dimensión, aunque peculiar y diferente de las dimensiones espaciales, pues para intervenir en la medida de distancias hay que multiplicarlo por un número imaginario. Por esta razón hoy no se habla del espacio y del tiempo, como en la física de Newton, sino del espacio-tiempo relativista.

Hemos visto que la teoría de la relatividad afirma que la medida del tiempo depende del estado de reposo o movimiento de los cuerpos, pues los relojes de los objetos móviles (que miden el tiempo propio) atrasan respecto a los de los objetos inmóviles. Sin embargo, no es posible que se invierta el orden de los acontecimientos de dos sucesos localizados en la misma posición en el espacio. Si uno es anterior al otro en un sistema de referencia, lo será también en cualquier otro. El principio de causalidad queda, por tanto, a salvo[147].

Por último, conviene mencionar que el principio de incertidumbre, enunciado en 1927 por el alemán Werner Carl Heisenberg, también afecta al tiempo. En efecto, una de las formas en que puede expresarse este principio afirma que el grado de exactitud con que se puede medir el tiempo no es arbitrariamente grande, sino que queda limitado por el grado de exactitud con que

---

[147] Nótese, sin embargo, que si los dos sucesos no tienen lugar en el mismo punto y no tienen relación causal entre sí, sí puede invertirse el orden. Por ejemplo, si dos estrellas se convierten sucesivamente en supernovas y la segunda se encuentra mucho más cerca de nosotros que la primera, su luz podría llegar hasta nosotros antes que la de la otra.

se puede medir el contenido de energía de los cuerpos. Ambas incertidumbres se relacionan a través de la constante de Planck h. Si se quiere medir el tiempo con una exactitud enorme, hay que aceptar un error muy grande en la medida del contenido de energía de los cuerpos, y viceversa. Nuestras medidas del mundo físico no llegarán nunca a ser tan exactas como se pudiera desear, pues existen límites intrínsecos del procedimiento de medida que lo impiden y lo impedirán siempre[148].

La física del siglo XX ha borrado algunos conceptos erróneos respecto al tiempo, demostrando que nuestras ideas intuitivas sobre el mundo no siempre corresponden a la realidad, pero no nos ha ayudado a definirlo, a saber qué es en realidad. Nos dice que el tiempo es una de las cuatro dimensiones del espacio-tiempo relativista, una de las componentes fundamentales de la trama del cosmos, pero aún estamos muy lejos de saber qué es exactamente eso que llamamos *tiempo*, esa corriente movediza en que transcurre nuestra vida y nuestra experiencia. Tal vez nunca lleguemos a saberlo, mientras formemos parte de este universo en el que nos ha tocado vivir.

¿Podremos viajar hasta las estrellas?

El viaje por los espacios extraterrestres es una de las ideas fijas de la humanidad, que se remonta al menos al siglo II de la era cristiana, cuando el sirio Luciano de Samosata escribió su *Vera*

---

[148] El capítulo siguiente amplía la discusión del principio de incertidumbre.

Historia, que relata un viaje de la Tierra a la luna en un barco que, elevado por una tromba marina, es arrojado al espacio por la fuerza del huracán. Muchos siglos después se hizo famosa la obra *L'Histoire comique des états et empires de la lune*, de Savinien Cyrano de Bergerac, en la que el protagonista realiza el viaje en un vehículo impulsado por cohetes. En el siglo XIX, desde un punto de vista más científico, tenemos la novela *De la Terre à la lune*, de Jules Verne, uno de los padres de la ciencia-ficción moderna. A lo largo del siglo XX, estos sueños llegaron a hacerse realidad. El hombre puso pie en la luna en 1969 y sus cápsulas espaciales automáticas han llegado hasta todos los planetas del sistema solar.

El paso siguiente es, evidentemente, el viaje a las estrellas. Muchos escritores lo consideran la próxima frontera de la expansión humana y la única garantía para evitar su extinción accidental (si ocurre una catástrofe cósmica) o provocada por nosotros mismos (con una guerra nuclear). El problema es que un viaje a las estrellas sería muchísimo más complejo y difícil que la exploración de los planetas. Como se vio en el capítulo 4, la estrella más próxima está separada de nosotros por 4,27 años-luz, algo más de 40 billones de kilómetros. Con las posibilidades de la técnica actual no resulta difícil alcanzar velocidades de alrededor de un millón de kilómetros por día, con lo que un viaje hasta esa estrella llevaría más de cien mil años. Aprovechando la atracción gravitatoria de los planetas gigantes, como Júpiter, sería posible triplicar la velocidad, pero aun así estamos hablando de decenas de miles de años.

El tiempo y el hombre

La literatura de ficción científica ha tenido en cuenta estas limitaciones y propuso la posibilidad de viajar hasta las estrellas en naves gigantescas, ecológicamente cerradas, propulsadas y mantenidas por la energía de la fusión nuclear, en las que podrían partir varios miles de personas hacia un destino que sólo sería alcanzado por sus descendientes lejanos[149]. Además de las dificultades técnicas aún no resueltas, este tipo de viaje conllevaría numerosos problemas psicológicos y sociales, y sólo se emprendería como último recurso, para salvar de la destrucción a una parte de la humanidad[150].

Los viajes de este tipo podrían llegar a ser factibles y presentarían menos problemas si las naves se propulsaran de forma automática y las tripulaciones se trasladasen en estado de hibernación, que consiste en mantener a una persona en animación suspendida a temperatura muy baja. Este proceso todavía no es técnicamente factible, excepto aplicado a embriones o en plazos breves, del orden de horas, aunque se dan casos de gente que hace congelar su cadáver o su cabeza, con la esperanza de que en el futuro se les pueda resucitar. También sería posible realizar el viaje de forma semiautomática, con turnos de guardia entre los miembros de la tripulación[151]. Una ventaja adicional del procedimiento sería una reducción considerable del gasto de

---

[149] Por esa razón se llaman *naves generacionales*.
[150] Véase, por ejemplo, el cuento *The Wind Blows Free* (1957), del etnólogo norteamericano Chad Oliver.
[151] Véase, por ejemplo, la novela *Orbit unlimited* (1961), de Poul Anderson, que combina varios de los métodos expuestos aquí.

energía necesario. Aunque su objetivo inicial no es un viaje a las estrellas, la película *2001, una odisea del espacio*[152] también utiliza este método en un viaje tripulado a Júpiter.

Los procedimientos mencionados hasta ahora no resultan satisfactorios. Quisiéramos poder realizar el viaje a las estrellas en un tiempo mucho más corto, que sólo abarcase una parte pequeña de la vida humana. Por otra parte, también deseamos que sea posible regresar a la Tierra, después de explorar los sistemas solares lejanos. De lo contrario, sería muy difícil que el viaje sirviese para aumentar nuestros conocimientos, pues las comunicaciones a esas distancias serían casi imposibles. Para ello, habría que aumentar la velocidad de las naves interestelares, aproximándola a la velocidad de la luz.

Hemos visto en este capítulo que el tiempo transcurriría más despacio para los viajeros hacia las estrellas. Esto facilitaría la realización del viaje, aunque es posible que, al regresar a nuestro planeta, los astronautas descubriesen que aquí habían transcurrido siglos. La misma tabla 6.1 situada más atrás indica cuál sería el tiempo terrestre correspondiente a un viaje espacial de duración igual a diez años (tiempo propio) en función de la velocidad, supuestamente constante, del viaje. Se observará que, hasta un 90 por ciento de la velocidad de la luz, las diferencias no son demasiado grandes y resultan psicológicamente aceptables.

Veamos cómo podría realizarse un viaje hasta la más brillante de las tres estrellas *alfa* de la constelación del Centauro,

---

[152] Dirigida por Stanley Kubrick, con guión del director y de Arthur C. Clarke.

casi gemela de nuestro sol, que se encuentra a una distancia de 4,36 años-luz:

- En una primera fase, el vehículo aceleraría hasta alcanzar un 90 por ciento de la velocidad de la luz. Si la aceleración fuese igual al doble de la gravedad terrestre (lo que sería bastante incómodo, pero podría resistirse) esta fase duraría unos 156 días de tiempo terrestre, durante los que se recorrerían 0,19 años-luz. El tiempo propio correspondiente, teniendo en cuenta los efectos relativistas, se reduciría a unos 131 días.
- En la segunda fase, la nave continuaría el viaje sin aceleración, en caída libre, a la velocidad de crucero de 270.000 kilómetros por segundo. Esta fase duraría unos cuatro años y 155 días según el cómputo terrestre, durante los cuales se recorrería una distancia de 3,98 años-luz. El tiempo propio equivalente sería de un año y 339 días.
- Finalmente, en la tercera fase, la nave deceleraría, hasta detenerse al llegar a su objetivo. Esta fase sería simétrica de la primera y duraría lo mismo que ella, tanto en cuanto al tiempo propio como al tiempo terrestre equivalente.

La duración total del viaje de ida sería, por lo tanto, de cinco años y 102 días según el cómputo de la Tierra, aunque a los astronautas les parecería haber tardado únicamente dos años y 236 días. El viaje de regreso podría ser idéntico al de ida y duraría lo mismo. Al regresar a la Tierra, después de un tiempo propio de poco más de cinco años, los viajeros descubrirían que aquí habían pasado diez años y medio. Los efectos psicológicos del desfase no serían demasiado importantes.

Es evidente, por lo tanto, que si se lograse alcanzar velocidades mayores que la mitad de la de la luz, las estrellas más próximas estarían a nuestro alcance. Además, si en cada estrella provista de un planeta de tipo terrestre, apto para nuestro tipo de vida, se establecieran colonias, cada centro de colonización podría convertirse en unos siglos en un nuevo punto de partida para la exploración espacial. No resulta difícil calcular que, en pocos millones de años, el hombre podría ocupar todos los astros compatibles con nuestro tipo de vida en la galaxia de la Vía Láctea.

Ante esto, se plantea la siguiente cuestión: supongamos que haya seres extraterrestres inteligentes alrededor de alguna otra estrella. Puesto que el universo existe desde hace más de trece mil millones de años, y la Tierra sólo desde hace 4.600, parece razonable suponer que en alguna parte de la galaxia deberían haber aparecido seres de ese tipo mucho antes que nosotros. Quizá los más antiguos nos lleven una ventaja de mil millones de años: un tiempo más que suficiente para ocupar toda la galaxia.

La paradoja de Fermi resume en pocas palabras este razonamiento. El famoso físico italiano y premio Nobel Enrico Fermi, uno de los padres de la bomba atómica y de los reactores nucleares, formuló la cuestión de esta manera:

Si existen seres extraterrestres, ¿por qué no están aquí?

Stephen Webb ha escrito un libro[153] en el que expone 50 soluciones posibles de la paradoja de Fermi, unas más plausibles, otras menos. La conclusión final, con la que me siento tentado a coincidir, es que lo más probable es que Fermi tuviese razón, que quizá no existan inteligencias extraterrestres, que nosotros podríamos ser los primeros.

Las novelas de ciencia-ficción demuestran que ni siquiera las velocidades relativistas satisfacen nuestros impulsos de exploración. Quisiéramos viajar a las estrellas con la misma facilidad con que hoy atravesamos el Atlántico. Nos gustaría que el tiempo de un viaje hasta el centro de la galaxia (que probablemente contiene un agujero negro supergigante) se midiera en días, si no en horas. ¿Hay alguna posibilidad de que esto llegue a ocurrir? Quizá en el futuro se descubra alguna propiedad del universo, hoy desconocida, que nos ayude a romper el límite de la velocidad de la luz, que hoy parece firmemente establecido y que nos obliga a emplear miles de años en los viajes interestelares a la mayor parte de las estrellas, excluyendo únicamente las más próximas.

Pidamos ayuda a los autores de ciencia-ficción, que han intentado resolver el problema de varias maneras. Las dos principales son:
- Suposición de que el espacio es más complejo de lo que parece y que es posible encontrar *atajos* que permitan atravesar distancias enormes en muy poco tiempo. Los atajos a través del espacio-tiempo reciben el nombre de

---
[153] *Where is everybody?*, Praxix publishing, 2002.

wormholes[154], de los que podrían existir diversos tipos: *wormholes* de Euclides, que harían uso de dimensiones desconocidas[155]; *wormholes* de Lorentz, cuya posible existencia teórica, compatible con la teoría de la relatividad general, fue propuesta en 1957 por el físico John Wheeler; y *wormholes* de Schwarzschild, túneles en los que se entraría por un agujero negro (cuya existencia real está bastante confirmada) y se saldría por un agujero blanco (una estructura totalmente hipotética[156]). Si existiesen, los *wormholes* quizá podrían permitir, no sólo viajar en el espacio, sino también en el tiempo[157]. El problema es que los *wormholes* de Euclides no nos llevarían muy lejos, debido a la enorme curvatura de las dimensiones adicionales; los de Lorentz serían demasiado inestables para poder utilizarse en la práctica, de acuerdo con el análisis de Wheeler; y los de Schwarzschild serían inestables[158] y peligrosísimos, pues un agujero negro representa un estado de extrema compresión de la materia

---

[154] La palabra *wormhole*, definida como conexión a través del hiperespacio entre dos puntos muy distantes del universo, significa literalmente *agujero de gusano*.

[155] Algunas teorías físicas modernas proponen que el número de dimensiones del universo podría ser mayor que las tres que conocemos (cuatro, si contamos el tiempo). Las restantes dimensiones (se habla de un total de once) tendrían una curvatura tan grande que las haría indetectables.

[156] La existencia de los agujeros blancos depende de la reversibilidad del tiempo, que es dudosa, como se discutirá en el capítulo 7.

[157] Volveremos a hablar de ellos en el capítulo 8.

[158] Véase el artículo de Shahar Hod y Tsvi Piran en *Physical Review Letters*, 24 de agosto de 1998.

y quien se aventurase dentro de él se expondría a quedar descuartizado en pocos instantes.

- El otro procedimiento de acelerar los viajes interestelares consiste en utilizar velocidades mayores que la de la luz. Hemos visto más arriba que dicha velocidad establece un límite infranqueable en el mundo material ordinario, y que las ecuaciones de la relatividad especial tienen soluciones imaginarias para velocidades mayores que ese límite. Pues bien: algunos físicos han propuesto que las soluciones imaginarias podrían corresponder a una forma diferente de materia y dan el nombre de *taquiones*[159] a las partículas elementales correspondientes, que tendrían la propiedad de ser capaces de moverse a velocidades arbitrariamente mayores que la de la luz, pero nunca a menor velocidad. Para realizar un viaje a las estrellas, bastaría con desintegrar la nave espacial en nuestro mundo y reintegrarla en el mundo de los taquiones, realizar el viaje en un tiempo imaginario a velocidad arbitrariamente grande, e invertir el proceso, reintegrando la nave a la materia ordinaria una vez alcanzado el objetivo. Queda como ejercicio para el lector la forma en que se realizarían las integraciones y desintegraciones.

Tanto los *wormholes*[160] como los *taquiones* han sido utilizados en la literatura de ficción científica para realizar viajes

---

[159] De la palabra griega *tajys*, que significa *rápido*, o *tajyon*, que significa *más deprisa*.

interestelares en tiempos muy pequeños. A veces no se utilizan esos nombres, sino otros más crípticos, como *hiperespacio*, *subespacio*[161], *hipermotor*[162], etcétera.

---

[160] Los *wormholes* constituyen el procedimiento estándar de transporte espacial en la famosa *saga de Vorkosigan*, serie de novelas de Lois McMaster Bujold.
[161] Véase Schmitz, J. H., *A Tale of Two Clocks*, 1959.
[162] *Hyperdrive*, referido a un motor capaz de mover la nave a velocidades superlumínicas.

Capítulo 7: La flecha del tiempo: un problema pendiente para la ciencia moderna

El método científico

Antes de abordar el problema de la flecha del tiempo, quisiera recordar algunas propiedades fundamentales del método científico, que pueden ayudarnos a discernir si algunas de las teorías actuales al respecto pueden considerarse científicas, o si en realidad pertenecen al campo de la metafísica, lo cuál no dice nada *a priori* en contra de ellas, pero siempre es conveniente saber de qué se está hablando.

De acuerdo con Karl Raimund Popper[163]:

- En la ciencia, los hechos tienen siempre precedencia sobre las teorías.
- La credibilidad de una teoría aumenta con cada predicción correcta que realiza de algún hecho desconocido, que posteriormente viene confirmado por la observación o la experimentación.
- Sin embargo, las teorías científicas son siempre provisionales, pues es posible que un hecho, descubierto posteriormente al enunciado de la teoría, venga a contradecirla y echarla abajo.

---

[163] Popper, K., *La lógica de la investigación científica*, Tecnos, 1962.

- Por lo tanto, sólo se puede probar que una teoría científica es falsa, nunca que es verdadera.
- Si no es posible demostrar que una teoría es falsa, ni siquiera mediante un experimento mental[164], no se trata de una teoría científica, sino de una teoría filosófica o metafísica.

Como ilustración de las ideas anteriores, mencionaré dos casos paradigmáticos: el primero ocurrió durante el siglo XIX en el campo de la física. Durante los dos siglos anteriores, la teoría de la gravitación universal de Isaac Newton llegó a estar tan confirmada por la experimentación y la observación, que se convirtió en una teoría científica universalmente aceptada. Entre sus éxitos más señalados estaban la deducción de las tres leyes experimentales de Kepler (realizada por el propio Newton), la predicción de las órbitas de todos los astros conocidos del sistema solar, y la explicación del comportamiento de los cuerpos en caída libre.

En 1781, William Frederick Herschel descubrió el planeta Urano, el primer planeta nuevo desde la antigüedad remota. Aplicando la ley de Newton, la órbita de Urano pudo predecirse desde el principio. Durante más de sesenta años, los astrónomos fueron anotando la posición de Urano para compararla con las predicciones de la teoría. En 1845, los datos acumulados indicaban

---

[164] Se llama así a un experimento inherentemente realizable, aunque no sea fácil llevarlo a la práctica en la situación actual de la tecnología: basta que sea posible en principio. Algunos experimentos mentales han podido realizarse posteriormente. Cuando esto ocurre, unas veces se confirman las predicciones de quien diseñó el experimento, otras veces ocurre lo contrario.

una discrepancia de varios segundos de arco respecto a la posición prevista. Dicha discrepancia planteaba un problema que había que resolver. A nadie se le ocurrió poner en duda las observaciones, pero había dos maneras de explicar la discrepancia:

1. La teoría de Newton está mal: es preciso corregirla.
2. Un astro desconocido puede provocar alteraciones en la órbita de Urano que expliquen la discrepancia.

Dado que la teoría de Newton parecía establecida y confirmada por numerosos datos experimentales, los astrónomos teóricos se inclinaban hacia la segunda explicación. Ese mismo año de 1845, dos de ellos calcularon la posición probable en el cielo del planeta desconocido. El primero, el británico John Couch Adams, no consiguió convencer al director del observatorio de Cambridge de que buscara el planeta desconocido con el telescopio[165]. El segundo, el francés Urbain Jean Joseph Le Verrier se los envió al astrónomo alemán Johann Gottfried Galle, que sí le hizo caso y en muy poco tiempo, en la zona del cielo indicada, descubrió un nuevo planeta que recibiría el nombre de Neptuno.

El descubrimiento de Neptuno fue un éxito espectacular de la mecánica de Newton, pues una predicción de la teoría había sido confirmada por los hechos. A los científicos de entonces les pareció que esta teoría había alcanzado una posición inexpugnable. Sin embargo, al cabo de muy pocos años, la misma secuencia de

---

[165] La importancia de los cálculos de Adams ha sido puesta en duda recientemente. Véase Sheehan, W., Kollerstrom, N., Waff, C. B., *El descubrimiento de Neptuno,* Investigación y Ciencia, febrero 2005.

sucesos que le dio el espaldarazo aparentemente definitivo fue causa de su descenso a la categoría de *primera aproximación*.

En 1855, diez años después de su éxito con Neptuno, Le Verrier abordó otro problema pendiente de la astronomía, las alteraciones en la precesión de la órbita de Mercurio, que no podían explicarse mediante la mecánica de Newton. Aplicando el mismo proceso mental que le llevó al descubrimiento de Neptuno, predijo la existencia de un planeta desconocido que las causara. Incluso le dio nombre: Vulcano, el dios romano del fuego, porque estaría aún más cerca del Sol que Mercurio. Durante sesenta años, los astrónomos buscaron ese planeta. Hubo varias falsas alarmas que no se confirmaron. Por fin, se llegó a la conclusión de que, en este caso, había que aplicar la otra explicación de la discrepancia: la teoría de Newton es incorrecta en determinadas circunstancias y hay que modificarla. En 1915, Albert Einstein explicó la anomalía con la teoría general de la Relatividad, que venía a sustituir a la mecánica de Newton. El planeta Vulcano desapareció de la literatura científica. Su última aparición fue en la serie de ciencia-ficción *Star Trek*, donde el personaje del señor Spock afirma proceder de dicho planeta que, como dice Isaac Asimov[166] contando esta historia, nunca existió.

El segundo ejemplo tuvo lugar durante el siglo XX y también afecta a Einstein. Después de ser, en 1905, uno de los principales impulsores de la teoría de los cuantos, Einstein se negó siempre a aceptar las consecuencias de la interpretación de

---

[166] *The planet that wasn't*, Avon Books, 1976.

Copenhague de esta teoría, que tomó forma a finales de la década de 1920 bajo la dirección de Niels Bohr, y que se puede resumir en la hipótesis de que *el universo es esencialmente indeterminista*. La cuestión más importante, objeto de la discrepancia, es el *principio de superposición*, que afirma que una partícula puede encontrarse simultáneamente en varios estados cuánticos distintos (por ejemplo, con *espín* positivo y negativo), y permanecer así indefinidamente hasta que se mida dicho estado, en cuyo momento la partícula colapsa en uno de los estados posibles con cierta probabilidad, que puede deducirse de la función de onda asociada a la partícula, expresada en la ecuación de Schrödinger.

La controversia entre Einstein y Bohr respecto al principio de superposición puede resumirse mediante dos frases famosas. La primera, escrita por Einstein a Max Born en 1926: *Dios no juega a los dados*[167]. La segunda, la respuesta atribuida a Niels Bohr algunos años después: *¿Quién eres tú, Einstein, para decir a Dios lo que tiene que hacer?*

El enfrentamiento entre los dos gigantes de la física dio lugar a un experimento modélico, porque ilustra cómo se aplica el método científico. La interpretación de Copenhague de la mecánica cuántica predice la posibilidad de que dos partículas se encuentren simultáneamente en dos o más estados cuánticos

---

[167] La cita exacta es: *La mecánica cuántica es sin duda imponente, pero una voz interior me dice que no es aún lo auténtico. La teoría dice mucho, pero no nos acerca al secreto del Viejo. En todo caso, estoy convencido de que Él no juega a los dados.* Véase *Correspondencia Born-Einstein (1916-1955)*, Siglo XXI, México, 1973.

superpuestos, de tal manera que el estado de ambas quede entrelazado o *enredado*. Por ejemplo, si el *espín* de la primera partícula resulta ser positivo al colapsar, la de la segunda también lo será, y viceversa. Además, el colapso del estado de las dos partículas se producirá en el mismo instante en que se mida la característica correspondiente de una de ellas.

No pudiendo aceptar el principio de superposición, Einstein, en colaboración con otros dos colegas (Podolsky y Rosen) propuso un experimento mental para tratar de echar abajo la interpretación de Copenhague: el experimento E-P-R, así llamado por las siglas de sus autores. En la versión de David Bohm, formulada en 1951, dicho experimento puede resumirse así:

Se parte de dos partículas con estados cuánticos superpuestos enredados. Se separan las dos partículas: una de ellas es enviada a los confines del universo, a años-luz de distancia; la otra se queda a nuestro alcance. En determinado momento, se mide el estado cuántico de la partícula que tenemos cerca. En el mismo instante, de acuerdo con las predicciones de la interpretación de Copenhague, la otra partícula debería colapsar del mismo modo que la primera, en cualquier lugar en que se encuentre, aunque de acuerdo con la teoría de la relatividad es imposible enviarle mensajes o información en tiempo cero. El universo, por lo tanto, no tendría un comportamiento local, es decir, existirían acciones cuyo efecto podría llegar instantáneamente a distancias arbitrarias.

En 1964, David Bell formuló la *desigualdad de Bell*, que permite distinguir las predicciones del experimento E.P.R. de las de la interpretación de Copenhague. Ésta es, por lo tanto, una teoría científica, pues es posible demostrar su falsedad mediante un experimento. Sólo cinco años después, en 1969, John Clauser, Michael Horne y Abner Shimony reformularon el experimento mental E-P-R de una forma que lo hacía realizable. En 1972, Clauser y Stuart Freedman, lo llevaron a cabo por primera vez. El resultado del experimento confirmó las predicciones de Bohr. Se demostró, pues, que el universo presenta las características de no localidad que tanto repugnaban a Einstein.

Nótese que el resultado del experimento E-P-R no garantiza que la interpretación de Copenhague sea correcta. Simplemente le proporciona el espaldarazo de haber fallado un intento serio de echarla abajo. El siguiente intento podría conseguirlo.

Existen construcciones físicas y cosmológicas (como la teoría de cuerdas, el multiverso, la teoría de branas) que no cumplen las condiciones requeridas por el método científico, pues no es posible diseñar un experimento, ni siquiera hipotético, que demuestre su falsedad. Algunos físicos parecen creer que basta con que una teoría sea matemáticamente correcta para que tenga muchas probabilidades de ser verdadera. Esta postura, que se opone a toda la historia de la ciencia, debería ser rechazada con énfasis: las teorías en cuestión podrán ser metafísicas (es decir, filosóficas) y defenderse con arreglo a un método diferente, pero desde luego no son científicas.

La flecha del tiempo

El nombre de la *flecha del tiempo* lo utilizó por primera vez en 1927 el astrónomo británico Arthur Stanley Eddington. Naturalmente, el concepto era mucho más antiguo y consiste en constatar que el tiempo es irreversible y fluye en una sola dirección, desde el pasado hacia el futuro. Desde la más remota antigüedad, nadie lo había puesto en duda. Sin embargo, la irreversibilidad del tiempo ha llegado a constituir un problema importante para la física moderna. Las ecuaciones de la gravitación universal de Newton no exigen que el tiempo sea unidireccional, pues siguen siendo válidas si se sustituye en ellas t por −t. Los grandes avances de la física durante los siglos XIX y XX han confirmado el problema, pues tanto las ecuaciones de Maxwell (fundamento del electromagnetismo), como las de la relatividad general de Einstein, como la ecuación de Schrödinger (base de la mecánica cuántica), mantienen la misma reversibilidad temporal que las ecuaciones de Newton.

Ante esta situación, muchos físicos han formulado la hipótesis de que la irreversibilidad del tiempo podría ser una ilusión, un fenómeno psicológico o subjetivo, una mera apariencia. Esta postura fue adoptada incluso por científicos de primer orden, como el propio Einstein, que escribió en una carta de pésame[168] las

---

[168] Carta a la familia de Michelangelo Besso, 21-3-1955, publicada en *Albert Einstein and Michele Besso, Correspondence 1903-1955*, P. Speziali (ed.), Hermann, París, 1972. Citado en *The Arrow of Time*, ver bibliografía.

siguientes palabras: *...la distinción entre pasado, presente y futuro es sólo una ilusión, aunque persistente.*

Pienso que esta postura contradice los fundamentos del método científico, tal como se ha venido aplicando desde el siglo XVII, que ha llevado al mayor desarrollo científico-técnico de la historia de la humanidad. Lo que hacen los físicos, cuando niegan la realidad del tiempo irreversible, es dar prioridad a las teorías sobre los hechos, porque la irreversibilidad del tiempo está establecida por la experimentación. Tampoco es éste el único caso de ceguera científica en nuestra época: la persistente negación de la voluntad libre, la preferencia otorgada al reduccionismo sobre el holismo[169], la defensa a ultranza del materialismo determinista (que, como se ha visto, afectó a Einstein) son otros tantos ejemplos importantes. Tal parece que a los científicos modernos pueda aplicárseles las palabras de Isaías, que se dirigían a un objetivo muy diferente: *Escuchad bien, pero no entendáis, ved bien, pero no comprendáis.* (Is. 6:9).

El último ejemplo mencionado, el materialismo determinista, ha sido el primero en caer, hasta el punto de que ahora ningún científico de peso lo defiende. Formulado a finales del siglo XVIII por Pierre Simon, marqués de Laplace, puede expresarse con las siguientes palabras: *Si conociésemos con*

---

[169] El reduccionismo sostiene que todas las propiedades de los seres macroscópicos (incluido el comportamiento de los seres humanos) se pueden explicar a partir del comportamiento de los seres microscópicos de que se componen (las partículas elementales, los átomos y las moléculas). El holismo sostiene que existen fenómenos macroscópicos emergentes que no pueden explicarse así.

exactitud las condiciones iniciales del universo[170], *sería posible predecir todo su desarrollo pasado y futuro.* Esta teoría ha recibido durante el siglo XX tres ataques demoledores:

1. El principio de incertidumbre de Heisenberg, formulado en 1927, que niega que se pueda conocer simultáneamente la posición y la velocidad de una partícula con exactitud arbitraria. En consecuencia de este principio, la base fundamental del materialismo determinista queda rechazada, pues es imposible conocer con exactitud las condiciones iniciales del universo.

2. Podría pensarse, para salvar el determinismo materialista, que quizá no sea necesario conocer con exactitud absoluta dichas condiciones iniciales. ¿No bastará la máxima aproximación permitida por el principio de incertidumbre para asegurar que la predicción del desarrollo del universo pueda realizarse con aproximación suficiente? A esto responde negativamente la teoría del caos, apuntada a principios del siglo XX por Jules Henri Poincaré y desarrollada en 1963 por Edward N. Lorenz. De acuerdo con esta teoría, aunque conociésemos con aproximación arbitraria las condiciones iniciales del universo, no podríamos predecir su futuro, porque el comportamiento del universo es caótico.

---

[170] Es decir, la posición y velocidad inicial de todas las partículas que forman parte del universo.

3. Sumándose a todo esto, la mecánica cuántica, especialmente en su interpretación de Copenhague, actualmente la más extendida, viene a afirmar que el universo es esencialmente indeterminista, no sólo en cuanto a la historia del conjunto de sus partículas, sino en la de cada una de ellas.

¿Es realmente reversible el tiempo físico?

Los físicos partidarios de considerar la flecha del tiempo como una ilusión tienen un problema: no toda la física es compatible con un tiempo reversible, como sugieren las ecuaciones y las teorías mencionadas. Desde mediado el siglo XIX se conoce el segundo principio de la termodinámica, que se puede remontar a la introducción por Clausius, en 1850, del concepto de entropía, y a la constatación de que el valor de esta magnitud física aumenta siempre con el tiempo, si se mide en un sistema cerrado[171]. Dado que el universo lo es, disponemos al menos de una magnitud física que permite señalar inequívocamente la dirección del flujo del tiempo.

Conscientes de este problema, los físicos partidarios de la reversibilidad del tiempo han respondido de distintas maneras: se ha dicho que el segundo principio de la termodinámica es una ley ficticia, subjetiva, que no se ajusta a la realidad; una ilusión

---

[171] El primer principio de la termodinámica es la ley de la conservación de la energía. Hay también un tercer principio, que afirma que *en todo cuerpo químicamente homogéneo y de densidad finita, la entropía tiende a cero si la temperatura se acerca al cero absoluto.*

mental; una simple aproximación; un efecto de las condiciones iniciales del universo. Se ha formulado la hipótesis de que el universo podría ser cíclico y la flecha del tiempo se invertiría durante la etapa de contracción. Para escapar del problema, un físico tan conocido como Stephen Hawking ha propuesto un universo sin condiciones iniciales[172]. Es curioso este deseo de defender a toda costa la reversibilidad del tiempo, teniendo en cuenta que fue precisamente Hawking quien descubrió la existencia de una flecha del tiempo en los agujeros negros, que en lugar de perdurar eternamente terminarían por desintegrarse. En 1928, un año después de idear el término de la flecha del tiempo, Arthur Eddington atacó a los físicos que adoptan estas posturas con las siguientes demoledoras palabras: *Si tu teoría se opone al 2º Principio de la Termodinámica... la espera el colapso en la más profunda humillación*[173].

Este dilema tiene nombre. Se lo impuso en 1876 Johann Joseph Loschmidt, la *paradoja de la irreversibilidad*, que puede describirse así:

- Por un lado, de acuerdo con las leyes de la mecánica que conocemos, no parece existir flecha del tiempo en el mundo microscópico. De acuerdo con la hipótesis reduccionista, esto debería asegurar que tampoco exista en el mundo macroscópico.

---

[172] Hawking, S., 1988, *A Brief History of Time*, Bantam Books, 1988.
[173] Eddington, A., *The Nature of the Physical World*, Cambridge University Press. Citado en *The Arrow of Time*.

- Por otro lado, de acuerdo con la experiencia y la experimentación termodinámica, sí existe flecha del tiempo en el mundo macroscópico.
- En consecuencia, la mecánica y la termodinámica deben ser incompletas, pues llegan a conclusiones incompatibles.

El problema no es tan grave como parece. Como dijo Alfred North Whitehead, *un choque de doctrinas no es un desastre, es una oportunidad*[174].

¿Son realmente reversibles las leyes de la mecánica y del mundo microscópico, como afirman quienes niegan la existencia real de la flecha del tiempo? Vamos a ver que la cosa no está tan clara.

En primer lugar, la mecánica de Newton no sólo explica los movimientos de los cuerpos celestes, también se ocupa de fenómenos más próximos a nosotros, como la caída de una manzana. En estos últimos, la reversibilidad es menos evidente. Imaginemos que nos proyectan una película en la que se observan varios pedazos de manzana sobre el suelo, que de pronto se ponen en movimiento y se reúnen en el mismo punto, formando una sola pieza de fruta, que se lanza hacia arriba hasta quedar sujeta a la rama de un árbol. ¿Tendríamos alguna dificultad en detectar que la dirección del tiempo ha sido invertida al proyectar los fotogramas? No, porque en este ejemplo no sólo interviene la mecánica de Newton (que explica el movimiento de caída de la manzana), sino también el segundo principio de la termodinámica, que nos dice

---

[174] *Science and the Modern World*, The Free Press, New York, 1967.

que de un estado más desordenado (los pedazos de la manzana en el suelo) no puede surgir espontáneamente un estado más ordenado (la manzana entera suspendida de la rama del árbol).

También con los cuerpos celestes es posible detectar si la película de sus movimientos ha sido invertida. Imagínese una grabación de la órbita de Mercurio en la que se distinga el sol. Estudiando el movimiento de las manchas solares (consecuencia de fenómenos termodinámicos en el sol) es posible averiguar la dirección correcta del movimiento del planeta. De nuevo es la interacción de la mecánica y la termodinámica la que convierte el tiempo en irreversible.

En segundo lugar, existen reacciones químicas reversibles (como la disolución del carbonato cálcico en agua carbonatada, cuya dirección inversa es responsable de la aparición de las estalagmitas y estalactitas), pero también las hay irreversibles, como la precipitación de sulfato de bario al mezclar dos soluciones de sulfato sódico y de cloruro de bario. También en este caso es sencillísimo detectar la dirección correcta en que ha de proyectarse una película.

Existen también reacciones nucleares irreversibles, como la serie de desintegraciones del uranio-238 para dar plomo-206. La cadena inversa de reacciones es tan improbable, que el análisis de la proporción de estas dos sustancias en la misma roca nos da un medio de averiguar su edad, como se describió en el capítulo 3.

En tercer lugar, incluso la mecánica cuántica contiene indicios de que el tiempo es, en el fondo, irreversible. Un ejemplo es el problema de la medida. Se ha mencionado que basta medir el estado de una partícula que se encuentra en una superposición de estados, para que colapse en uno de ellos con cierta probabilidad. El fenómeno inverso, sin embargo, no se da nunca.

Otro indicio es el teorema CPT. Parece razonable suponer que las partículas elementales son simétricas ante el cambio de sentido simultáneo de la carga, la paridad y el tiempo[175]: hasta ahora no se ha descubierto ninguna violación de esta simetría. Sin embargo, se ha detectado una violación de la simetría CP, la desintegración del kaón-0: por cada mil millones de desintegraciones, esta partícula se transforma una vez en un pión positivo, un electrón y un antineutrino[176], y las restantes veces en un pión negativo, un positrón y un neutrino. Si se admite la simetría CPT, la violación de la simetría CP por la desintegración anómala implica que el tiempo cuántico es irreversible.

En cuarto lugar, como señaló el biólogo Stephen Jay Gould[177], la historia de la evolución de los seres vivos es asimétrica: mientras el número de especies crece, los tipos de organización decrecen. Habría, por tanto, una *flecha del tiempo de la evolución*[178].

Finalmente, tampoco es cierto que todas las teorías cosmológicas modernas lleven a un tiempo reversible. El físico

---

[175] Se cambiaría la carga positiva por negativa y viceversa, la derecha por la izquierda, y el sentido del tiempo. El teorema CPT afirma que, si se realizaran los tres cambios a la vez, todo permanecería igual.
[176] Se demuestra que la desintegración anómala viola la simetría CP, porque intercambiando cargas y paridad las cosas tienen lugar de distinta manera.
[177] *Wonderful Life. The Burgess Shale and the Nature of History*, 1989.
[178] Gould, S. J., *Time's arrow, time's cycle*, Penguin, 1988.

Roger Penrose lleva años tratando de encontrar una alternativa que unifique la gravitación, explicada hoy por la relatividad general de Einstein, con la mecánica cuántica. Su teoría cosmológica unificada, que aún no ha culminado satisfactoriamente, implicaría la existencia de una flecha del tiempo. Con sus propias palabras: *La asimetría del tiempo es una característica necesaria de la unión cuanto-gravitatoria*[179]. *Nuestra imagen de la realidad física, en relación con la naturaleza del tiempo, necesita una sacudida mayor, quizá, que las que provocaron la relatividad y la mecánica cuántica*[180].

Conclusiones

Como conclusiones de este capítulo, propongo las siguientes:

- La existencia real de la flecha del tiempo es un fenómeno experimental, comprobado por la experiencia común de miles de millones de personas y por numerosas constataciones de la física, la química y la biología. Se trata de un fenómeno tan bien establecido como la gravedad.

- Las teorías físicas pertenecientes a distintas ramas (mecánica y termodinámica) se contradicen respecto a la predicción de la existencia de una flecha del tiempo. Es evidente que la física está incompleta y tiene un problema

---

[179] Penrose, R. *The Way of Reality*, Jonathan Cape, 2004.
[180] Penrose, R., *The Emperor's New Mind*, Oxford University Press, 1989.

pendiente muy importante. Tratar de resolverlo negando la existencia del problema no se ajusta al método científico.

Manuel Alfonseca

Capítulo 8: ¿Será posible viajar en el tiempo?

Uno de los temas favoritos de la literatura de ficción científica o ciencia-ficción es el de los viajes en el tiempo. Como es natural, en este género literario se supone que los viajes en el tiempo llegarán a ser factibles en un futuro más o menos lejano. ¿Tenemos alguna razón para suponer que podrá ser así?

El procedimiento literario favorito para realizar este tipo de viajes es la máquina del tiempo. La primera novela clásica que abordó el tema fue precisamente *The Time Machine*, de H. G. Wells[181], publicada en 1895. En esta obra, un contemporáneo del autor inventa una máquina del tiempo con la que viaja hacia el futuro, y regresa de nuevo a su época para contar lo que ha visto, teniendo así ocasión de exponer las ideas del autor sobre los peligros de la evolución futura de la humanidad. Después viaja de nuevo hacia el futuro, de donde ya no vuelve. Hay varias películas basadas en esta novela, de las que una (*El tiempo en sus manos*) mezcla la historia ficticia de Wells con el misterio real de la identidad de Jack el Destripador. Después de *La máquina del tiempo*, innumerables novelas de ciencia-ficción han utilizado el tema del viaje en el tiempo, ya sea utilizando una máquina o mediante otros procedimientos de los que luego se hablará.

---

[181] Existe una obra anterior poco conocida sobre el mismo tema, *The Clock that went Backward*, de Edward P. Mitchell, publicada en 1881, así como otra del propio Wells, *The Chronic Argonauts*, de 1888.

Sin embargo, la cuestión no es tan sencilla como Wells la planteó, pues existe un problema muy importante: si algún día se pudiese viajar en el tiempo sin restricciones, aparecerían paradojas catastróficas debido a la violación de la ley de la causalidad, que afirma que la causa es siempre anterior al efecto. La paradoja más sencilla afecta a los viajes hacia el pasado: si fuesen posibles, una persona podría viajar hacia su propio pasado y asesinarse a sí misma, haciendo imposible la realización del viaje, con lo cuál no podría asesinarse, por lo que el viaje sería posible, y así hasta el infinito[182].

La *paradoja de la predestinación* es un poco diferente: supongamos que un viajero del tiempo retrocede a cierto momento para impedir una catástrofe. Supongamos que lo consigue. En tal caso, la catástrofe no ha sucedido. Pero entonces, el viajero en el tiempo no tendrá motivo para retroceder hasta ese momento, por lo que el viaje no tendrá lugar y la catástrofe no será impedida[183].

Las paradojas se presentan incluso cuando los que viajan en el tiempo no son personas, sino objetos. Supongamos que el dueño de una máquina del tiempo guarda una estatuilla en un armario el domingo. El miércoles la saca y la envía con la máquina al lunes

---

[182] Existen muchas versiones de esta paradoja. Una de las más conocidas es: *el viajero del tiempo podría retroceder un siglo y asesinar a su abuelo cuando era niño, con lo que ni su padre ni él serían engendrados, lo que haría imposible el viaje...* Por ello, recibe el nombre de *paradoja del abuelo*.
[183] El viaje en el tiempo realizado por los personajes de *Harry Potter and the Prisoner of Azkaban* (1999), de J. K. Rowling, utilizando un *time-turner* (invertidor del tiempo), podría dar lugar a este tipo de paradojas, pues Harry se salva a sí mismo del ataque de los *dementor*. Véase, sin embargo, más adelante, la discusión sobre el principio de consistencia.

precedente. ¿Cómo es que no tiene memoria de haber visto la estatuilla en la máquina entre el lunes y el miércoles? Durante ese tiempo ¿había dos estatuillas en la casa, una en la máquina y otra en el armario? ¿Qué fue de la copia que estaba en la máquina cuando el dueño colocó la del armario en el mismo lugar?

Sam Mines resume así su cuento *Find the Sculptor*[184], que juega con este tipo de paradojas: *Un científico construye una máquina del tiempo y viaja 500 años hacia el futuro, donde encuentra una estatua de sí mismo que conmemora el primer viaje en el tiempo, la transporta consigo hacia el pasado y poco después es erigida en su honor [en el mismo lugar... pero ¿quién hizo la estatua?] ¿Cuándo fue construida?*

Veamos otro ejemplo: Merau Varagan[185] está a punto de ser detenido por la patrulla del tiempo en el punto A del espacio-tiempo, pero se salva apareciendo en una máquina del tiempo y trasladándose a sí mismo hacia el futuro. Cuando las dos copias de Merau Varagan llegan al punto B del espacio-tiempo, una de ellas debe regresar con una máquina del tiempo para buscar a la otra, de lo contrario se produciría una paradoja de la predestinación. De hecho, el que acaba de ser salvado debe ser el que regrese al punto A, mientras el salvador continúa su vida en el punto B. Además, para regresar, Merau Varagan no puede utilizar la misma máquina del tiempo, sino otra copia que debe estar disponible en el punto B. De no hacerlo así (si el que regresa es el salvador, o si se utiliza la

---

[184] Citado por Martin Gardner, *On the Contradictions of Time Travel*, Scientific American, Mayo 1974.
[185] Poul Anderson, *Time Patrolman*, 1983.

máquina con la que acaban de llegar) se producirían situaciones en el espacio-tiempo en que una persona o un objeto sólo existe durante un bucle temporal, sin que nadie los haya producido, como en el cuento de Sam Mines.

Es curioso, pero menos conocido, que los viajes hacia el futuro controlados desde el futuro también provocan paradojas. Por ejemplo, se podría utilizar una máquina del tiempo construida a finales del siglo XXI para trasladar a esa época a una persona que hubiese vivido antes, quizá en el siglo XVIII. Si esto fuese posible, alguien podría utilizar la misma máquina para localizarse a sí mismo, cuando aún era niño, y trasladarse hacia el futuro, lo que imposibilitaría que esa misma persona hubiese podido controlar la realización del viaje.

Yo mismo hice uso de esta forma de viaje en el tiempo en una de mis novelas[186]. En el año 2089 se celebra el tercer centenario de la revolución francesa. Para estudiar lo que ocurrió, a los estudiantes se les permite utilizar un *cronovisor*: un instrumento que muestra el pasado sobre una pantalla. El protagonista se enamora de una muchacha que vivió en el año 1789 y decide crear una máquina del tiempo para traerla hasta su época. Obviamente, la novela no hace mención de la paradoja (aunque yo era consciente de ella), pues el argumento se habría vuelto imposible.

Finalmente, las máquinas que permitiesen visualizar el futuro (al estilo de mi *cronovisor*, pero al revés) también

---

[186] *Un rostro en el tiempo*, Noguer, 1989.

provocarían paradojas. Si fuese posible ver lo que va a suceder, no se podría resistir la tentación de intentar cambiarlo, provocando una inconsistencia con lo que la máquina acaba de mostrar.

Los únicos que no provocan paradojas son los viajes hacia el futuro, controlados desde el pasado y sin vuelta atrás. De hecho, el universo funciona como una máquina del tiempo que nos lleva hacia el futuro a razón de 24 horas al día. Otras formas factibles de este tipo de viaje son:

- Una persona puede permanecer durante cierto tiempo en coma o en éxtasis, por causas más o menos naturales, volviendo más tarde a la vida normal. Desde su punto de vista, ha realizado un viaje en el tiempo hacia el futuro. Existen ejemplos reales de estos casos, que llegan a la prensa y provocan cierto revuelo. El tema ha sido muy utilizado en la literatura de todos los tiempos, desde mucho antes de la existencia de la ciencia-ficción. En las *Cantigas de Santa María* de Alfonso X el Sabio, un monje se queda en trance escuchando una avecilla y al volver al convento descubre que han transcurrido tres siglos. Del mismo modo, el protagonista del cuento de Washington Irving, *Rip van Winkle*, vuelve a su pueblo tras pasar una noche fuera y descubre que han pasado veinte años. En la película musical *Brigadoon*, los habitantes de un pueblo escocés viven un día cada cien años y desaparecen del mundo el resto del tiempo. En la literatura de ficción científica, la primera historia que desarrolló este tema fue

Looking Backward, de Edward Bellamy (1888), en la que el viajero en el tiempo simplemente cae en un sueño cataléptico durante 113 años y al despertar encuentra una utopía socialista. La misma idea fue utilizada poco después, con el mismo objetivo, por William Morris[187], y con una intención semejante, aun cuando utilizando el procedimiento contrario, por H. G. Wells[188]. Todos estos ejemplos literarios presentan formas del viaje hacia el futuro que no provocan paradojas.

- Muy parecido al anterior es el caso de la suspensión artificial de la vida (también llamada *animación suspendida*) por medios técnicos, con un despertar más o menos programado. El medio más utilizado es la hibernación. Entre otras muchas obras semejantes, citemos un cuento de un autor ruso: *El despertar del profesor Bern*, de Vladimir Savcenko (1956).

- El uso de la dilatación temporal relativista para regresar al lugar de origen cientos de años después de la partida. Cuanto más se aproxime la velocidad de los viajeros a la de la luz, mayor será la discrepancia entre el tiempo propio y el tiempo externo. En el caso extremo, si los viajeros se aproximasen indefinidamente a la velocidad de la luz, el

---

[187] *News from nowhere*, 1890.
[188] *When the Sleeper Wakes*, 1899. Su protagonista duerme 203 años y al despertar no encuentra una utopía socialista, sino una distopía hipercapitalista. Así como la utopía presenta sociedades perfectas, la distopía recurre a exagerar los defectos de las sociedades actuales, para criticarlas y avisar de sus peligros.

tiempo propio tendería a cero, lo que daría lugar a saltos bruscos hacia el futuro. Este es el caso de la novela de Poul Anderson, *Tau Zero*[189] (1970), en la que los protagonistas emprenden en una nave espacial un viaje a través del espacio y del tiempo cada vez más acelerado, que les lleva a adquirir prácticamente la velocidad de la luz, les hace atravesar galaxias en segundos de tiempo propio (que equivalen a miles de millones de años del tiempo terrestre) y les transporta finalmente al próximo ciclo del universo, a través de un nuevo *big bang*.

- Otra versión literaria de este subgénero de la ficción científica modifica la percepción del tiempo por parte de los protagonistas, haciéndoles moverse hacia el futuro como todo el mundo, pero a una velocidad diferente: acelerada (lo más frecuente) o a veces retardada. De nuevo fue H. G. Wells pionero de este tipo de obras, con su cuento *The New Accelerator* (1901), en el que el efecto se consigue ingiriendo una sustancia química. En cambio, en la novela *Stranger in a Strange Land*, de Robert A. Heinlein (1961), el protagonista puede modificar mentalmente a voluntad el ritmo de su percepción del tiempo.

---

[189] El título *Tau Zero* significa la velocidad de la luz. Algunos físicos utilizan la letra griega *tau* (τ) para representar la función de la velocidad que en el capítulo 6 representamos con la letra griega *beta* ($\beta = \sqrt{1 - v^2 / c^2}$). Obsérvese que, cuando v es igual a c, β o τ toma el valor 0.

Aparte de las paradojas, los viajes en el tiempo introducen otro tipo de problemas: si un viajero emplea una máquina del tiempo para avanzar dos días hacia el futuro o retroceder dos días hacia el pasado, ¿no debería reaparecer en el espacio interplanetario? Porque la Tierra ya no se encuentra en el punto desde el que partió. Hay también problemas relacionados con el principio de la conservación de la energía.

Puesto que el viaje en el tiempo proporciona argumentos literariamente muy sabrosos, algunos escritores de novelas de ciencia-ficción se han limitado a ignorar las paradojas y los problemas físicos que comporta. Otros las han tenido en cuenta y han intentado obviarlas por algún procedimiento más o menos plausible e imaginativo. Una posibilidad consiste en prohibir que se cambie el pasado, sin excluir el viaje. Por ejemplo, en un cuento de Charles F. Hall[190], el viajero descubre que todos los objetos con los que se pone en contacto son increíblemente duros[191]. Como el

---

[190] *The Man Who Lived Backwards*, Tales of Wonder (1938). Fritz Leiber utilizó la misma idea en *Try and Change the Past*. Agradezco a John P. Gibson, que me proporcionó estos datos. También pertenece a este grupo el viaje en el tiempo realizado en *Harry Potter and the Chamber of Secrets* (1998). Cuando viaja 50 años hacia atrás, al momento en que se abrió por primera vez la cámara secreta, Harry descubre que no puede interaccionar con el pasado, que él es invisible e inaudible, que únicamente puede observar. Contemplar el pasado no provoca paradojas.

[191] C. S. Lewis lo cita así en el prólogo de su libro *The Great Divorce*: *I must acknowledge my debt to a writer whose name I have forgotten and whom I read several years ago... The unbendable and unbreakable quality of my heavenly matter was suggested to me by him, though he used the fancy for a different and most ingenious purpose. His hero travelled into the past: and there, very properly, found raindrops that would pierce him like bullets and sandwiches that no strength could bite - because, of course, nothing in the past can be altered.*

pasado no se puede cambiar, si se viaja a él no se puede interaccionar con ningún objeto, que debe comportarse como si el viajero no existiese:

Durante algún tiempo no pudo comprender la dureza impenetrable de los objetos que había experimentado... Pero, tras pensarlo un momento, llegó a la respuesta lógica: el pasado es inalterable, como ninguna otra cosa de la creación. Si él pudiese mover o alterar allí algún objeto, sería equivalente a decir que podía cambiar toda la historia del cosmos. Todo lo que veía a su alrededor había sucedido y no podía cambiarse en modo alguno.

La afirmación de que el pasado no se puede cambiar es muy antigua: se remonta al menos a Aristóteles, que escribe en el capítulo 2 del libro 6 de la *Ética a Nicómaco*: *...ninguna cosa que ya ha pasado puede ser objeto de elección... porque lo pasado no puede dejar de haberlo sido*. De acuerdo con Aristóteles, y en relación con la imposibilidad de que Dios pueda hacer cosas contradictorias, Santo Tomás de Aquino menciona que Dios no puede alterar el pasado[192].

Otra forma de resolver las paradojas, bastante utilizada por los escritores de ciencia-ficción, consiste en suponer que el pasado sí se puede modificar. Un viajero en el tiempo podría volver atrás y

---

[192] *Summa Theologica*. Algún teólogo ha hecho notar que admitir que Dios no puede modificar el pasado, pero sí el futuro, implica que a Dios le afecta el tiempo. Sin embargo, se puede aducir que Dios puede influir desde fuera en el pasado y el futuro, desde nuestro punto de vista, manipulando las condiciones iniciales del universo (por ejemplo). He tratado este tema con más detalle en mi artículo *El método científico, el diseño inteligente, los modos de la acción divina y el ateísmo*, Religión y Cultura, Vol. LIII:240, pp. 137-153, Ene.-Mar. 2007, disponible en: http://www.ii.uam.es/~alfonsec/docs/dia6.htm.

asesinarse a sí mismo de niño, pero al hacerlo cambiaría la historia: su viaje en el tiempo no se realizaría en el futuro, pero él habría aparecido inexplicablemente de la nada para asesinar al niño y seguiría viviendo el resto de su vida en un mundo totalmente distinto del suyo original. Veamos cómo lo explica Poul Anderson en una de sus novelas:

—*Cambia cualquier cosa, viajero del mañana, y seguirás estando donde estás, pero la gente que te hizo nacer no existe, nunca existió, hacia delante hay una Tierra diferente, y tú y tus memorias expresan la falta de causalidad, el caos total, que subyace bajo el cosmos*[193].

Uno de los ejemplos más conocidos de este tipo de argumentos es un cuento de Ray Bradbury[194], en el que un viajero que se traslada al periodo cretácico cambia el pasado al pisar una mariposa y al volver a su propio tiempo detecta una serie de cambios sutiles que acaban provocando su propia muerte. También es interesante un cuento corto de Fredric Brown, *First Time Machine*, que comienza con el inventor de la máquina del tiempo enseñando su invento a tres amigos. Uno de ellos la utiliza para retroceder sesenta años y asesinar a su abuelo. El final del cuento vuelve al punto de partida y presenta al inventor mostrando la máquina a dos amigos.

Un cuento corto de Lord Dunsany[195] utiliza la misma hipótesis para oponerse a la idea de que Dios (en su caso, los

---

[193] *Time Patrolman*, 1983.
[194] *A Sound of Thunder*. Este cuento está incluido en el libro *The Golden Apples of the Sun*, 1953.

dioses) no puede modificar el pasado. Un rey que ofendió a los dioses haciendo poner su propio rostro en las estatuas divinas debe ser castigado. Para que el castigo sea realmente ejemplar, no basta con la muerte. El rey desaparece y en su país no sólo nunca existió tal rey: jamás hubo ningún rey.

Una novela muy conocida de Poul Anderson[196] lleva más lejos la misma hipótesis. Puesto que el pasado se puede modificar, los seres inteligentes del futuro que inventarán la máquina del tiempo establecerán una guardia que impida que nadie viaje hacia atrás en el tiempo para cambiar el pasado. Si alguien lo hace, tratarán de deshacerlo, pues de lo contrario dichos seres del futuro podrían no llegar a existir. Como apunta la novela, la solución no puede ser satisfactoria, pues los propios guardianes del tiempo caen en la tentación de modificar las cosas que no les gustan personalmente.

También puede clasificarse en este grupo la novela *Millennium*[197], cuya acción tiene lugar dentro de un milenio y en la que el pasado puede cambiarse, pero por la acción de las paradojas, en el futuro tendrían lugar *tempo-motos* (terremotos del tiempo) que provocan catástrofes e incluso se puede llegar a la destrucción total del mundo.

Algunos físicos han tratado de resolver las paradojas de una forma aparentemente más *científica*, pues su empeño en afirmar

---

[195] *The king that was not*, incluido en la colección *Time and the gods*, 1906.
[196] *Guardians of Time*, 1960.
[197] De John Varley, 1983. El autor es también guionista de la película del mismo nombre, de 1989.

que el tiempo es reversible les lleva a pensar que el pasado y el futuro son intercambiables y que, por lo tanto, los viajes en el tiempo deberían ser posibles. Uno de los intentos más curiosos es el *multiverso cuántico*, ideado por Hugh Everett III[198]. De acuerdo con esta teoría, cada vez que colapsa una superposición cuántica, el universo se bifurca en dos, según el resultado obtenido por la medida. Después de un número inimaginable de colapsos cuánticos, debe existir simultáneamente un número enorme de universos, en los que habrán tenido lugar todas las historias posibles. Un viaje hacia el pasado se limita a trasladar al viajero de un universo cuántico a otro diferente, en el que el viaje en el tiempo no se habría realizado, eludiendo así las paradojas.

Esta teoría no puede considerarse científica, porque es imposible demostrar que sea falsa. Sin embargo, ha sido utilizada por científicos serios, como David Deutsch, investigador en el campo de la computación cuántica, que ha llegado a proponer que este tipo de computadoras podría funcionar simultáneamente en varios universos diferentes.

El *multiverso* cuántico y otros tipos de universos que se bifurcan han sido utilizados a veces en la literatura de ciencia-ficción en el contexto de los viajes en el tiempo. El primer cuento que hizo uso de esta idea fue *Branches of Time*, de David R. Daniels[199]. En su novela *October the First is Too Late* (1966), el astrónomo y cosmólogo británico Fred Hoyle[200] emplea el

---

[198] *Relative State Formulations of Quantum Mechanics*, Reviews of Modern Physics, vol. 29, pg. 454-462, July 1957.
[199] *Wonder Stories*, 1934.

multiverso cuántico para enviar a sus protagonistas en un viaje a la Grecia antigua, que se va complicando cada vez más y termina con una Tierra muy diferente de la nuestra.

Otra forma de eludir las paradojas es el *principio de consistencia*, propuesto por el cosmólogo ruso Igor Dmitriyevich Novikov, que afirma que los sucesos provocados por viajeros en el tiempo que podrían dar lugar a paradojas tienen probabilidad cero. Con otras palabras: los viajes hacia el pasado podrían ser posibles, pero si los viajeros intentasen cambiarlo de una forma que diese lugar a paradojas, les sería imposible conseguirlo. Así, si un viajero en el tiempo intentase matarse a sí mismo cuando era niño, hiciera lo que hiciese estaría condenado al fracaso[201].

Aparte de la máquina del tiempo, se han propuesto en teoría y se ha echado mano en la literatura de otros procedimientos para la realización de viajes en el tiempo:

- El famoso matemático Kurt Gödel, que demostró que cualquier sistema matemático complejo tiene que ser incompleto, propuso en 1949 un modelo cosmológico compatible con la relatividad general en el que los viajes en el tiempo serían posibles. Lamentablemente, dicho modelo no se parece al mundo real, por lo que la propuesta

---

[200] Fred Hoyle fue uno de los padres de la teoría cosmológica del universo estacionario, mencionada en el capítulo 3 y hoy abandonada.
[201] En *Harry Potter and the Prisoner of Azkaban*, J. K. Rowling tiene cuidado en asegurar que se cumple el principio de la consistencia, pues todas las interacciones con su propio pasado de los viajeros en el tiempo son compatibles con lo que ellos mismos habían experimentado previamente.

de Gödel no ha sido utilizada en la literatura de ciencia-ficción.

- Los *wormholes* de Lorentz[202]. Una de las primeras novelas que utilizó este método fue *Contact* (1985), escrita por el astrónomo y famoso divulgador científico norteamericano Carl Sagan y adaptada al cine en 1997, cuya protagonista viaja hasta la estrella Vega y al volver a la Tierra sólo ha transcurrido una fracción de segundo, lo que supone una dilatación temporal inversa a la contracción de la relatividad especial, que corresponde a un viaje hacia el futuro. Este tipo de *viajes hacia el pasado* no provoca paradojas, pues los viajeros no se trasladan a su propio pasado: en realidad, lo que tiene lugar es una aceleración del tiempo, como en el cuento *The New Accelerator*, mencionado más arriba.

- Los *wormholes* de Schwarzschild (viajes a través de agujeros negros) que en teoría podrían dar lugar a viajes en el tiempo, si el agujero negro rota sobre sí mismo. Jordi Sierra i Fabra hace uso de esta idea en la tercera parte de su trilogía sobre *Un lugar llamado Tierra*[203]. Yo también la empleé en una de mis obras, que combina los géneros de la novela histórica y la de ciencia-ficción[204].

---

[202] Véase la discusión sobre viajes interestelares en el capítulo 6.
[203] *Testamento de un lugar llamado Tierra*, S. M., 1987.
[204] *Más allá del agujero negro*, Terra Nova, 1995.

- Los *cilindros de Tipler*[205], cilindros masivos, infinitamente largos, compatibles con la relatividad general, que arrastrarían el espacio-tiempo permitiendo viajar hacia el pasado, aunque únicamente a instantes posteriores a la formación del cilindro. Poul Anderson utilizó este procedimiento en *The Avatar* (1978).

- Bucles en el espacio-tiempo, que podrían ser compatibles con la relatividad general y permitirían a un viajero regresar al punto de partida, tanto en el espacio como en el tiempo. En 1992, Stephen Hawking demostró que no serían utilizables sin *energía negativa*, algo que no se sabe si existe. En 2005, el israelí Amos Ori propuso un procedimiento que supuestamente no la precisaría, consistente en dar vueltas alrededor de una región vacía en forma de toro, rodeada por una esfera que contuviese cantidades enormes de materia (por ejemplo, un agujero negro).

Ya se ha dicho que el problema con los agujeros negros y los *wormholes* de Lorentz es que los segundos serían inestables y los primeros demasiado destructivos para poder utilizarse en la práctica. De nuevo es imposible realizar experimentos, por lo que estas teorías no son realmente científicas. Por otra parte, la utilización de estos métodos no resuelve las paradojas, por lo que no puede considerarse una solución válida del problema.

---

[205] Tipler, Frank J., *Rotating Cylinders and the Possibility of Global Causality Violation*. Physical Review D vol. 9, pg. 2203-2206, 1974.

Mi opinión personal es que los viajes en el tiempo son imposibles, porque la flecha del tiempo existe y el pasado no puede modificarse. El argumento más poderoso es una forma adaptada de la paradoja de Fermi, que fue inicialmente propuesta en relación con la posible existencia de civilizaciones extraterrestres[206]. Mi versión de esta paradoja[207], que considero aun más potente que la de Fermi, podría expresarse así:

Si los viajes en el tiempo llegasen a ser posibles en el futuro, ¿dónde están los viajeros? ¿Por qué no están nuestra época y todas las anteriores atestadas de turistas e investigadores del tiempo? ¿Tan poco interesantes son los periodos transcurridos desde el principio de la historia hasta la actualidad, para que nadie del futuro se haya interesado por ellos?

En conclusión: debido a la existencia de la flecha del tiempo, los viajes en el tiempo son imposibles, excepto los que se dirigen hacia el futuro, controlados desde el pasado. La mayor parte de las novelas de ciencia-ficción, incluidas las mías, cuyo argumento incluye viajes en el tiempo, no llegarán nunca a hacerse realidad. La única forma posible de escapar del presente consiste en avanzar hacia el futuro, ya sea poco a poco, como venimos haciendo desde nuestro nacimiento, o en forma acelerada, si logramos viajar a velocidades relativistas, o bien a saltos, si entramos en coma o nos ponemos en estado de hibernación. El

---

[206] Véase la discusión sobre viajes a las estrellas en el capítulo 6.
[207] Esta idea se le ha ocurrido independientemente a otras personas. Aparece, por ejemplo, en un libro muy reciente de David Toomey cuya referencia completa puede encontrarse en la bibliografía adicional.

tiempo es una propiedad del mundo de la que no podremos escapar, salvo con la muerte.

Bibliografía adicional

1. Años, meses y días: historia del calendario

1. Moyer, G., *El calendario gregoriano*, Investigación y Ciencia, julio 1982.

2. Horas, minutos y segundos: la medida del tiempo

1. Andrewes, W.J.H., *Crónica de la medición del tiempo*, Investigación y Ciencia, noviembre 2002.
2. Gibbs, W.W., *Medición actual del tiempo*, Investigación y Ciencia, noviembre 2002.
3. Hayes, B., *Clock of ages*, The Sciences, Nov.-Dec. 1999.
4. Labrador, D., *De lo instantáneo a lo eterno*, Investigación y Ciencia, noviembre 2002.
5. Oestmann, G., *Tiempo y eternidad*, Investigación y Ciencia, noviembre 2002.
6. Savoie, D., *Cuadrantes solares*, Investigación y Ciencia, marzo 2002.

3. Milenios, millones de años y eones: el pasado remoto

1. Bondi, H., *Cosmology*, traducción española en Labor, Barcelona, 1970-1972.
2. Davies, P.C.W., *La mente de Dios*, McGraw-Hill Interamericana de España, 1993.
3. Gale, G., *El principio antrópico*, Investigación y Ciencia, febrero 1982.
4. Gangui, A., *Radiación de fondo y modelos cosmológicos*, Investigación y Ciencia, junio 2001, pg. 40-46.
5. Guth, A. H., Steinhardt, P. J., *El universo inflacionario*, Investigación y Ciencia, julio 1984, pg. 66-79.
6. Hawking, S., *A brief history of time*, Bantam Books, 1988. Existe traducción española.
7. Ostriker, J.P., Steinhard, P.J., *El universo y su quintaesencia*, Investigación y Ciencia, marzo 2001.

8. Rees, M.J., *Just six numbers*, Basic Books, 2000.
9. Ruiz-Lapuente, P., Kim, A.G., Walton, N., *Supernovas y expansión acelerada del universo*, Investigación y Ciencia, marzo 1999.
10. Sanz, J. L. y Martínez González, E., *Radiación cósmica del fondo de microondas*, Investigación y Ciencia, abril 1993.
11. Strauss, M. A., *Los planos de la creación*, Investigación y Ciencia, abril 2004.
12. Tegmark, M., *Universos paralelos*, Investigación y Ciencia, julio 2003.
13. Weinberg, S., *The First Three Minutes*, Bantam Books, 1979.

4. El tiempo y el cielo: las estrellas y el destino del hombre

1. Asimov, I., *Alpha Centauri, la estrella más próxima*, Alianza Editorial, 1984.
2. Balick, B., Frank, A., *La muerte de las estrellas comunes*, Investigación y Ciencia, octubre 2004.
3. Boss, A. P., *Colapso y formación de estrellas*, Investigación y Ciencia, marzo 1985.
4. Corbella, J., *La estrella más tenue es la que más brilla*, La Vanguardia, 30 julio 2007.
5. Frazier, K. editor, *The Hundredth Monkey and other Paradigms of the Paranormal*, Prometheus Books, Buffalo (N.Y.) 1991.
6. Gross, P.R., Levitt, N., Lewis, M. W., editores, *The Flight from Science and Reason*, Annals of the New York Academy of Sciences, vol. 775, 1996.
7. Heavens, A., *Historia de la formación de las estrellas*, Investigación y Ciencia, febrero 2006.
8. Toharia, M., *Astrología: ¿ciencia o creencia?*, McGraw-Hill, 1993.

5. El tiempo y la vida:

1. Alvarez, W., Asaro, F., Courtillot, V. E., Debate: causas de la extinción en masa, Investigación y Ciencia, diciembre 1990.
2. Arsuaga Ferreras, J. L., Martínez Mendizábal, I., El origen de la mente, Investigación y Ciencia, noviembre 2001.

3. Ayala, F. J., Mecanismos de la evolución, Investigación y Ciencia, noviembre 1978.
4. Bada, J. L., *Cold Start*, The Sciences, May-June 1995.
5. Begun, D. R., Primates del mioceno, Investigación y Ciencia, octubre 2003.
6. Cairns-Smith A. G., *Los primeros organismos*, Investigación y Ciencia, agosto 1985.
7. Chandler, J. L. R., van de Vijver, G., eds., *Closure: Energent Organizations and their Dynamics*, Annals of the New York Academy of Sciences, Vol. 901, 2000.
8. Clarke, B., The causes of biological diversity, Scientific American, August 1975.
9. de Duve, C., Origen de las células eucariotas, Investigación y Ciencia, junio 1996.
10. Denton, M. J., Nature's destiny, The Free Press, 1998.
11. Dickerson, R. E., *La evolución química y el origen de la vida*, Investigación y Ciencia, noviembre 1978.
12. Doolittle, W. F., Nuevo árbol de la vida, Investigación y Ciencia, abril 2000.
13. Fortey, R., *Life: an Unauthorised Biography*, Harper Collins, 1997. Existe traducción española: *La vida: una biografía no autorizada*, Taurus, 1999.
14. Grant, P.R., La selección natural y los pinzones de Darwin, Investigación y Ciencia, diciembre 1991.
15. Hazen, R. M., *Origen mineral de la vida*, Investigación y Ciencia, junio 2001.
16. Kendig, F., Hutton, R., *Life Spans, or How Long Things Last*, Holt, Rinehart & Winston, 1979.
17. Mayr, Ernst, La evolución, Investigación y Ciencia, noviembre 1978.
18. Pilbeam, D., Origen de hominoideos y homínidos, Investigación y Ciencia, mayo 1984.
19. Schopf, J. W., Evolución de las células primitivas, Investigación y Ciencia, noviembre 1978.
20. Simpson, S., *Las primeras formas de vida a debate*, Investigación y Ciencia, junio 2003.
21. Stringer, C. B., ¿Está en Africa nuestro origen?, Investigación y Ciencia, febrero 1991.

22. Valentine, J. W., La evolución de las plantas y los animales pluricelulares, Investigación y Ciencia, noviembre 1978.
23. Washburn, S. L., La evolución de la especie humana, Investigación y Ciencia, noviembre 1978.
24. Watson, J. D., DNA: the secret of life, Alfred A. Knopf, 2003.
25. Wilson, A. C., Cann, R. L., Origen africano reciente de los humanos, Investigación y Ciencia, junio 1992.
26. Woese, C. R., Arqueobacterias, Investigación y Ciencia, agosto 1981.
27. Wright, K., *El tiempo biológico*, Investigación y Ciencia, noviembre 2002.

6. El tiempo relativista: ¿será posible viajar hasta las estrellas?

1. Alfonseca, M., *La Vida en Otros Mundos*, Mc-Graw-Hill, Madrid, 1993.
2. Einstein, A., *Relativity*, Crown Publishers, New York, 1961.
3. Holton, G., *Einstein, historia y otras pasiones*, Taurus, 1998.
4. Kahan, G., $E=mc^2$, *Picture Book of Relativity*, Tab Books, 1983.
5. Macvey, J. W., *Interstellar travel*, Avon Books, 1977.
6. Musser, G., *Filosofía del tiempo*, Investigación y Ciencia, noviembre 2002.
7. Webb, S., *Where is everybody?*, Praxix, 2002.

7. La flecha del tiempo: un problema pendiente para la ciencia moderna

1. Bergson, Henri, *L'evolution creatrice*, traducción española en Espasa Calpe, Madrid, 1973.
2. Closets, F. de, *No digas a Dios lo que tiene que hacer, Einstein: la novela de una vida*, Anagrama, 2004.
3. Coveney, P., Highfield, R., *The Arrow of Time*, Flamingo, Harper Collins, London, 1991.
4. Davies, P., *La flecha del tiempo*, Investigación y Ciencia, noviembre 2002.
5. Hawking, S.W. y Penrose, R., *La naturaleza del espacio y el tiempo*, Investigación y Ciencia, septiembre 1996.

6. Layzer, D., *The Arrow of Time*, Scientific American, diciembre 1975.
7. Stewart, I., *Does God Play Dice? The New Mathematics of Chaos*, Basil Blackwell, 1989.

8. ¿Serán posibles los viajes en el tiempo?

1. Davies, P., *La máquina del tiempo*, Investigación y Ciencia, Noviembre 2002.
2. Gardner, M., *Time travel and Other Mathematical Bewilderments*, W. H. Freeman, 1988.
3. Gardner, M., *Fractal music, hypercards and more*, W. H. Freeman, 1992.
4. Stewart, I., *Viajes por el tiempo*, Investigación y Ciencia, junio-julio 1994.
5. Toomey, D., *The new time travelers: a journey to the frontiers of physics*, Norton, 2007.

www.ingramcontent.com/pod-product-compliance
Lightning Source LLC
Chambersburg PA
CBHW052308220526
45472CB00001B/32